Kentaro Tomita

Manejo de fertilidad de suelo cultivado con Maíz en América Latina

Kentaro Tomita

Manejo de fertilidad de suelo cultivado con Maíz en América Latina

-Consideraciones a partir del colapso de las civilizaciones antiguas-

PUBLICIA

Imprint
Any brand names and product names mentioned in this book are subject to trademark, brand or patent protection and are trademarks or registered trademarks of their respective holders. The use of brand names, product names, common names, trade names, product descriptions etc. even without a particular marking in this work is in no way to be construed to mean that such names may be regarded as unrestricted in respect of trademark and brand protection legislation and could thus be used by anyone.

Cover image: www.ingimage.com

Publisher:
PUBLICIA
is a trademark of
Dodo Books Indian Ocean Ltd. and OmniScriptum S.R.L publishing group

120 High Road, East Finchley, London, N2 9ED, United Kingdom
Str. Armeneasca 28/1, office 1, Chisinau MD-2012, Republic of Moldova, Europe
Managing Directors: Ieva Konstantinova, Victoria Ursu
info@omniscriptum.com

Printed at: see last page
ISBN: 978-620-9-52702-9

Manejo de fertilidad de suelo cultivado con Maíz en América Latina

-Consideraciones a partir del colapso de las civilizaciones antiguas-

Kentaro Tomita, Ph.D.

2026.05

Contenido

Capítulo I

Origen del Maíz y la difusión

1. Origen de los tres principales cultivos del mundo y difusión del maíz (*Zea mays* L.)

1). Origen de los tres principales cultivos

Los tres principales cereales del mundo son el arroz, el trigo y el maíz. Sus respectivos lugares de origen son los siguientes:

Cultivo: Lugar de origen
Arroz: Región de India
Trigo: Sureste de Turquía hasta el norte de Irak (cerca de Medio Oriente)
Maíz: América Latina (aún no completamente determinado)

En otras palabras, el origen de estos cultivos está estrechamente relacionado con las antiguas civilizaciones. El arroz se desarrolló en Asia (civilización del Indo y civilización del río Amarillo) y se difundió ampliamente como cultivo de arrozales inundados, teniendo en nuestro país una historia de más de 2000 años y consolidándose como parte de la cultura del cultivo del arroz.

2). Origen del trigo del maíz

El trigo, por su parte, se difundió especialmente en las regiones donde surgieron civilizaciones como la egipcia y la mesopotámica dentro de las cuatro grandes civilizaciones.
Finalmente, el maíz se difundió en regiones como México, la civilización maya y el Imperio Inca, y, a partir de la época de los grandes descubrimientos, se propagó por todo el mundo.

Desde la perspectiva de la historia antigua, los cultivos de secano presentan problemas de agotamiento del suelo por la práctica de la siembra continua; en el caso del trigo y el maíz, esto fue un factor que afectó la sostenibilidad, y contribuyó al colapso de civilizaciones como las cuatro grandes civilizaciones y la maya, debido al deterioro de los recursos del suelo y la aparición de enfermedades locales (en el **Capítulo II**, se abordará brevemente la historia de los antiguos sitios de América desde la perspectiva del maíz).

3). Origen del arroz

En cambio, el arroz, al cultivarse bajo condiciones de arrozales inundados, puede evitar problemas de agotamiento por rotación mediante las reacciones de óxido-reducción del suelo, constituyendo una forma de agricultura sostenible.

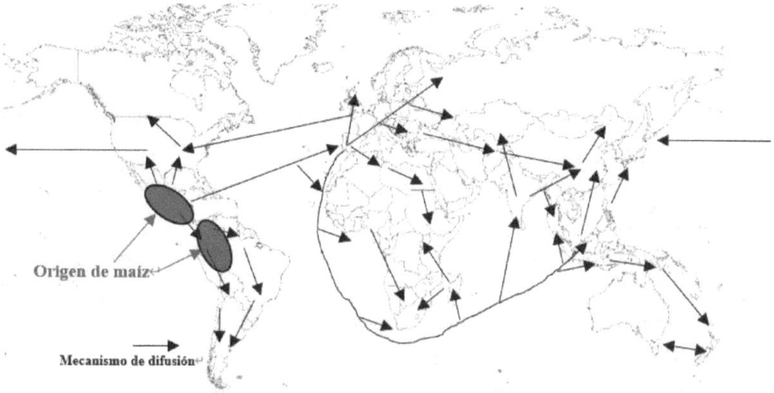

Figura N°1-2-1-1. Difusión del maíz

(Fuente: Datos originales de Hoshikawa, 1979, modificados por el autor)

2. Difusión del Maíz (*Zea mays L.*)

1). Difusión del Maíz (*Zea mays L.*)

La **Figura 1-2-1-1** muestra el mapa de difusión del maíz. Se considera que el maíz ya era cultivado desde alrededor del **2000 a.C. (antes de Cristo)**, cuando la agricultura comenzó a desarrollarse en el continente americano.

Cristóbal Colón (en inglés: *Christopher Columbus*; en italiano: *Cristoforo Colombo*) observó el maíz por primera vez en Cuba el **5 de noviembre de 1492**, tras el descubrimiento del Nuevo Mundo. Posteriormente, lo llevó a España y, en un periodo de menos de treinta años, el cultivo se difundió rápidamente hacia **Francia, Italia, Turquía y el norte de África**.

En **África occidental**, se introdujo principalmente por los portugueses, quienes lo utilizaron como alimento durante el transporte de esclavos africanos hacia América del

Sur. En **África austral**, el maíz ya se había difundido por vía terrestre durante la época en que los Países Bajos establecieron colonias en la región.

A comienzos del **siglo XVI**, los portugueses introdujeron el maíz en **India, China y las Indias Orientales**. Asimismo, desde Europa, el cultivo se difundió por vía terrestre a través de **Turquía, Arabia e Irán**, llegando finalmente a la India. Desde allí, se transmitió a **China a través del Tíbet**, registrándose su introducción alrededor de **1559**.

El maíz también fue introducido en **Japón**, llegando a **Nagasaki en 1579** por medio de los portugueses. Posteriormente, a comienzos de la **era Meiji**, fue reintroducido desde los Estados Unidos por los colonos que participaron en el desarrollo de **Hokkaido**.

2). ¿El origen del maíz se encuentra en Mesoamérica o en Sudamérica?

En un inicio, existieron numerosos debates sobre si el maíz tenía su origen en **Mesoamérica o en Sudamérica**. Sin embargo, adelantando la conclusión, la teoría actualmente más aceptada sostiene que el **ancestro directo del maíz (Zea mays ssp. mays)** es el **Teosinte silvestre**, especialmente *Zea mays ssp. parviglumis*, que crece de forma natural en México. Por ello, el **suroeste de México** es considerado el lugar de origen más probable del maíz.

Más que una cuestión de "origen incierto entre Mesoamérica y Sudamérica", la evidencia **genética** indica de manera casi concluyente que el maíz es de **origen mexicano**, mientras que la hipótesis del origen sudamericano, propuesta de forma temporal en el pasado, ha perdido apoyo en la comunidad científica actual.

3). El teosinte como ancestro confirmado

Los análisis genómicos realizados desde la década de 2000 han demostrado de manera concluyente que el pariente más cercano del maíz es el **Teosinte** (*Zea mays ssp. parviglumis*), distribuido en el **suroeste de México**, especialmente en la **cuenca del río Balsas**. De hecho, se estima que **más del 80 % del genoma del maíz coincide con el de *parviglumis***, y que la divergencia entre ambos ocurrió hace aproximadamente **9.000 años**.

4). Evidencias desde la perspectiva arqueológica

Desde el punto de vista arqueológico, también existen pruebas sólidas que permiten situar el origen del maíz casi con certeza en el **suroeste de México**. En cuevas mexicanas, como **Guilá Naquitz**, se han descubierto restos de maíz datados entre **7.000 y 9.000 a.C.**

En contraste, en **Sudamérica** (Perú, Ecuador y Bolivia), se considera que las primeras variedades cultivadas se difundieron a partir de **4.000 – 3.000 a.C.**, lo que evidencia una clara diferencia temporal. Esto respalda la hipótesis de que el maíz se originó en México, se expandió por **Mesoamérica** y posteriormente se difundió hacia **Sudamérica**.

Durante la primera mitad del siglo XX, cuando los datos arqueológicos eran aún limitados, coexistieron dos hipótesis sobre el origen del maíz: una que proponía un origen en **Mesoamérica** y otra en **Sudamérica**, basadas principalmente en la diversidad de variedades antiguas sudamericanas. Sin embargo, con los avances recientes en **genética y análisis genómico**, la primera hipótesis ha pasado a ser la más aceptada.

3. Producción y usos de los tres principales cultivos del mundo

El **maíz**, originario de **América Latina**, fue un cultivo alimentario fundamental para el florecimiento de las civilizaciones antiguas y, en la actualidad, se considera uno de los **tres principales cultivos agrícolas del mundo**.

Si se enumeran los **principales cereales a nivel mundial según su volumen de producción**, se obtiene lo siguiente:

① **Arroz**: aproximadamente **400 millones de toneladas**
② **Trigo**: aproximadamente **600 millones de toneladas**
③ **Maíz**: aproximadamente **800 millones de toneladas**

Entre estos tres cultivos, el **maíz** presenta el **mayor volumen de producción**. Cabe señalar que, en este contexto, el término maíz no se refiere al **Maíz dulce (Sweet corn)** clasificado como hortaliza, sino al **maíz duro o de grano**, destinado a usos alimentarios e industriales. El autor considera que esta elevada producción también está influida por las **diferencias regionales en los regímenes de precipitación**.

En cuanto a los **usos de estos tres cultivos**, el arroz y el trigo se destinan principalmente al **consumo humano directo**. En cambio, el maíz es un **cultivo de uso múltiple**. Aproximadamente **el 30 % se utiliza como alimento**, mientras que **el 70 % se**

destina a usos industriales (materias primas y combustibles).

Según datos del **U.S. Grains Council (Consejo Estadounidense de Granos)**, la distribución de ese **70 % de uso industrial** es la siguiente:

① **65 %** para **alimentación animal**
② **20 %** para la producción de **almidón de maíz (corn starch)**
③ **15 %** para **otros usos**, como edulcorantes, aceite comestible, alcohol industrial y **etanol como biocombustible**.

Como se ha señalado anteriormente, **el arroz** tiene su origen en **la India**, **el trigo** en las regiones donde surgieron las civilizaciones de **Egipto y Mesopotamia**, mientras que **el maíz** es originario de **América Latina**. A partir de estos antecedentes históricos y productivos, se puede comprender que la **demanda global de maíz supera ampliamente a la del arroz y del trigo**.

Desde **1492**, con el descubrimiento del **Nuevo Mundo por Cristóbal Colón**, el maíz se difundió rápidamente fuera de su región de origen. En este sentido, puede afirmarse que el **maíz fue uno de los cultivos que más se benefició de la Era de los Descubrimientos**, desempeñando un papel fundamental en la expansión agrícola, económica y tecnológica a escala mundial.

4. Importancia de reconsiderar las ventajas del maíz

En la práctica, es posible que algunos lectores tiendan a **subestimar el maíz** al escuchar su nombre. Sin embargo, al igual que el arroz —otro de los **tres principales cultivos del mundo**—, el maíz es un **cultivo de gran importancia**, por lo que resulta necesario **revalorizarlo y reconsiderar sus ventajas en la actualidad**.

Uno de los antecedentes que sustentan esta reflexión es que, en el **florecimiento de las antiguas civilizaciones de México y Guatemala...etc.**, el maíz ocupó una **posición central y estratégica**. Desde esta perspectiva, el autor propone presentar, a modo de **relato de viaje**, una introducción a los **principales sitios arqueológicos de las civilizaciones antiguas que ha visitado**, analizando su desarrollo y transformación a partir del papel desempeñado por el maíz.

Capítulo II

Concepto básico de la Civilización antigua en México y Guatemala

1. Introducción

Antes de empezar al trabajo del **Instituto de Investigación Agropecuaria de Panamá (IDIAP)** en Panamá para el autor, los voluntarios jóvenes donde trabajan en los países de Guatemala, Honduras, Costa Rica, Panamá y República Dominicana con el autor llegaron a la Ciudad de Antigua, Guatemala para estudiar el idioma español durante seis semanas del julio a agosta en el año 1992. Dentro del estudio, por buena suerte, los voluntarios para trabajar en la República Dominicana con el autor visitaron a ruinas de **Quiriguá**.

Luego, el autor visitó a las ruinas de **Teotihuacan**, de **Tula** cerca de la Ciudad de México, las de **Monte Alban** y de **Mitla** en la ciudad de Oaxaca en los Estados Unidos Mexicanos y las ruinas de **Tikal** en Guatemala, aprovechando las vacaciones al trabajar en el Laboratorio de suelos en el IDIAP, diciembre de 1993.

Al autor le interesa la relación entre colapso de las civilizaciones antiguas y empeoramiento de suelos cultivados con cultivos. Por supuesto se observó cambio climático por desmontes y quema en la región húmeda tropical, históricamente.

En las civilizaciones de **México (Teotihuacan, Zapoteca y Toltecas)** y de **Maya**, es muy importante para la producción de maíz (**Para el origen, la región mexicana y América Central**) y fue cereal básico para las personas. Además, es muy conocido la relación entre la situación de las ruinas de Teotihuacan (**Pirámide de Sol**) y **Chichén Itzá** (**El Castillo**) y siembra y/o cosecha de maíz como ejemplo.

Básicamente, se considera alta relación entre el colapso de las civilizaciones y sustentabilidad de la producción agropecuaria, por avanzo de empeoramiento de la propiedad física y química de suelos, **se perdió la sustentabilidad por desmontes y quemas con cambio climático por aumento de la población como la prosperidad**.

Con el turismo, el autor explica las ruinas visitadas en México y en Guatemala con relación con el cultivo de maíz.

2. Civilización antigua de México y los mayas

1). Resumen de la civilización antigua de México

Primero, dentro de las civilizaciones antiguas de América, se destacan la civilización maya, la civilización Teotihuacana y la civilización azteca en Mesoamérica (México y Centroamérica). En Sudamérica, en la región andina, es famosa la civilización inca, centrada en Cusco, Perú.

México es un verdadero tesoro de civilizaciones antiguas, y entre las civilizaciones mexicanas se pueden enumerar:

① **Civilización olmeca (1200 a.C. – 600 a.C.)**
② **Civilización Teotihuacana (800 a.C. – 750 d.C.: después de Cristo)**
③ **Civilización zapoteca (200 d.C. – 900 d.C.)**
④ **Civilización mixteca (900 d.C. – 1524 d.C.)**
⑤ **Civilización tolteca (900 d.C. – 1300 d.C.)**
⑥ **Civilización azteca (tras el declive tolteca – conquistada por España en 1521)**

Entre estas, las señaladas en negrita representan los sitios que el autor visitó en diciembre de 1993, según se explica en los capítulos 3 a 6. En cuanto a la civilización azteca, indicada en azul, se entiende como la visita a la Plaza del Zócalo y la Plaza de las Tres Culturas en Ciudad de México, dado que no quedan restos arqueológicos visibles.

2). Resumen de la civilización maya antigua

① **Civilización maya clásica (aprox. 250 – 900 d.C.)**
② **Civilización maya tardoclásica (aprox. 600 – 900 d.C.)**
③ **Civilización maya posclásica (aprox. 900 – 1500 d.C.)**

Al igual que en la civilización mexicana anterior, los sitios indicados en negrita representan lugares que el autor visitó. En julio de 1992 visitó Quiriguá y en diciembre de 1993 Tikal, ambos ubicados en Guatemala, Centroamérica (explicado en **los 11. y 12. en el mismo Capítulo**). Como civilización maya posclásica, se destacan los sitios de la península de Yucatán en México, como Uxmal y Chichén Itzá (explicados en **los 9. y 10. en el mismo Capítulo**).

3). Sitios arqueológicos visitados en México

Aunque no es especialista, el autor ha mostrado un gran interés por las civilizaciones antiguas de América Latina. En diciembre de 1993, durante su periodo como voluntario de la Agencia de Cooperación Internacional del Japón (JICA) en Panamá, aprovechó el sistema de viajes fuera del país de destino para visitar varios sitios arqueológicos de México. En esa ocasión visitó el Museo Nacional de Antropología en la Ciudad de México, así como las ruinas de Teotihuacan y Tula en los alrededores de la capital, y los sitios de Monte Albán y Mitla en el estado de Oaxaca.

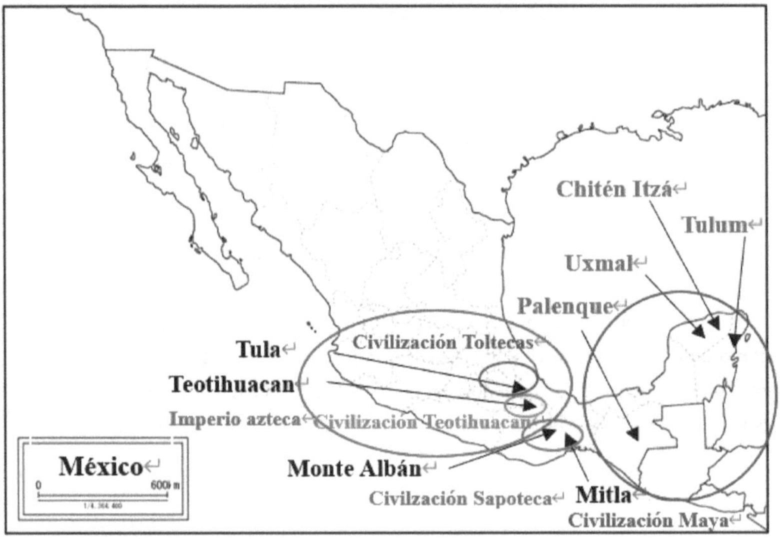

Figura N°2-2-3-1. Ubicación de los principales y más conocidos sitios arqueológicos de México

(Fuente: Mapa de sitios arqueológicos de México – búsqueda de imágenes)

En el último tramo de este viaje, en la Ciudad de México, el autor coincidió casualmente con un turista español y otros turistas japoneses, con quienes realizó parte del recorrido. Posteriormente, el turista español envió al autor, a la oficina de JICA en Panamá, fotografías de los sitios de Palenque, Uxmal y Chichén Itzá, que había visitado el día anterior.

En este apartado se abordan siete sitios arqueológicos, ubicados al este de la Ciudad de México: Teotihuacan, Tula, Monte Albán, Mitla, Palenque, Uxmal y Chichén Itzá. La localización de estos sitios se muestra en la Figura N°2-2-3-1.

4). Sitios arqueológicos visitados en Guatemala

En el caso de **Tikal**, ubicado en el departamento de **Petén**, el viaje por tierra desde la capital, **Ciudad de Guatemala**, requiere **más de 15 horas**. Por ello, junto con los miembros del **Cuerpo de Voluntarios de Cooperación Internacional de la Juventud (JOCV)** que trabajaban en el país, realizamos la visita en un **intenso recorrido de un día**, utilizando un **aerotaxi** de ida y vuelta.

Cabe destacar que, en Guatemala, **los sitios arqueológicos registrados como Patrimonio Mundial son únicamente Tikal y Quiriguá** (Ver la Figura N°2-2-4-1).

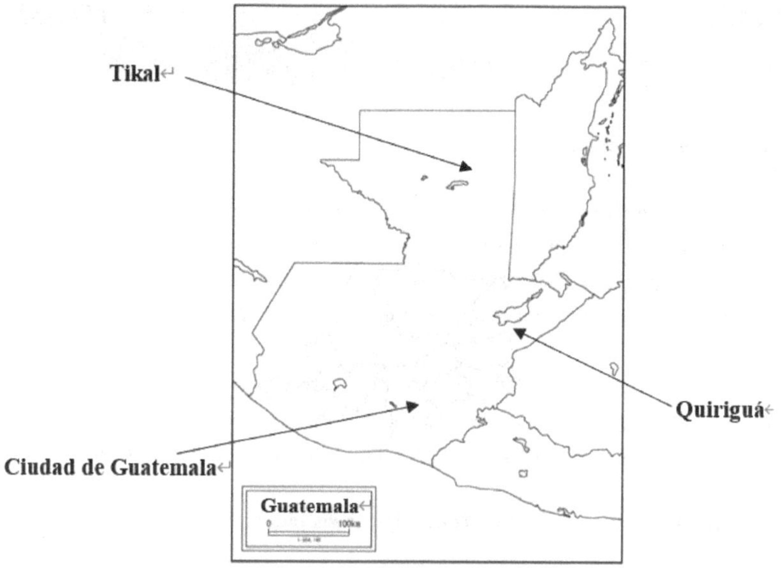

Figura N°2-2-4-1. Ubicación de los sitios arqueológicos de Tikal y Quiriguá en Guatemala

5). Tacos

Aunque aquí se omiten los detalles, como se ha señalado anteriormente, el maíz tiene su origen en América Latina y debió de haber sido un recurso alimentario fundamental para el desarrollo y la prosperidad de las civilizaciones antiguas (un ejemplo representativo es la tortilla; La Foto N°2-2-5-1 muestra el platillo mexicano "**Tacos**"). Desde esta perspectiva del maíz, el autor propone reflexionar sobre las civilizaciones antiguas.

En las civilizaciones mexicana y maya, uno de los cultivos indispensables fue el **maíz duro**. A partir de su molienda se elaboraba una especie de pan llamada **Tortilla**.

Foto Nº2-2-5-1. Tacos, platillo típico de la cocina mexicana (Restaurante mexicano en Hakuba, Nagano, Japón), 2022

Los **tacos** consisten en tortillas rellenas de diversos ingredientes, como frijoles, verduras, carne y otros acompañamientos, tal como se muestra en ambas fotos, y constituyen un platillo tradicional cuyo nombre se refiere precisamente a esta preparación culinaria. En la actualidad, existen numerosos restaurantes de comida mexicana también en Japón.

Por lo general, las tortillas y los distintos ingredientes que se envuelven en ellas se sirven por separado (a menudo de manera individual), y es costumbre que cada persona elija los rellenos de su preferencia y los envuelva por sí misma antes de comerlos.

6). Explicación de los conjuntos arqueológicos visitados

A continuación, se presenta una explicación arqueológica de carácter general sobre los sitios visitados. No obstante, dado que el autor no es arqueólogo, y con el fin de evitar interpretaciones erróneas, las dudas y cuestiones que puedan surgir se han recopilado incorporando también las apreciaciones y puntos de vista aportados por ChatGPT.

Asimismo, de manera complementaria, se incluyen en la explicación algunos sitios arqueológicos de la civilización maya en México que lamentablemente el autor no pudo visitar personalmente, como **Palenque, Uxmal y Chichén Itzá**.

3. Condición climática en las ruinas representativas en México y Guatemala

1). Condiciones climáticas de la Ciudad de México

En la cerca de la Ciudad de México, se encuentran las ruinas de **Teotihuacan** y de **Tula**. Además, en relación con el cultivo del maíz, la **Figura Nº2-3-1-1** muestran la temperatura anual y la precipitación de la Ciudad de México. Dado que la altitud es de **2,240 m sobre el nivel del mar**, la **temperatura máxima media** es de **24.8 °C**, la **temperatura media anual** es de **16.7 °C** y la **temperatura mínima media** es de **11.8 °C**.

La **precipitación anual** alcanza los **1,190.0 mm**, observándose que las lluvias se concentran principalmente entre **junio y agosto**.

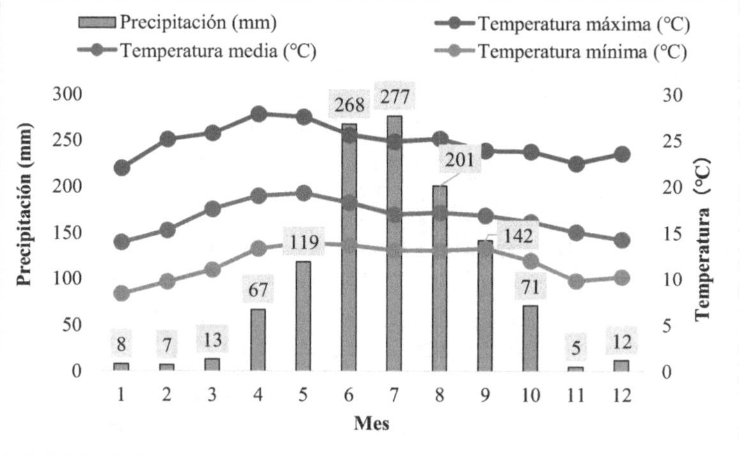

Figura Nº2-3-1-1. Precipitación y temperatura al año en la Ciudad de México (Fuente: https://world-season.com/climate-mexicocity/)

2). Condiciones climáticas de la Ciudad de Oaxaca

Se encuentran las Ruinas de **Monta Alban** y de **Mitra** en la Ciudad de Oaxaca. El autor se trasladó por vía terrestre desde la Ciudad de México hasta la ciudad de Oaxaca, capital del estado de Oaxaca (el viaje en autobús tomó aproximadamente 12 horas). Para el regreso a la Ciudad de México utilizó un vuelo doméstico; sin embargo, recuerda que durante el trayecto hacia Oaxaca atravesó zonas áridas, donde abundaban los cactus de forma natural.

La **Figura Nº2-3-2-1** muestra las temperaturas anuales y la precipitación de la ciudad de Oaxaca. La altitud es de **1,555 m sobre el nivel del mar**. La **temperatura**

media máxima es de **23.7 °C**, la **temperatura media anual** de **17.2 °C** y la **temperatura media mínima** de **12.2 °C**, valores que no difieren significativamente de los de la Ciudad de México. No obstante, la **precipitación anual** es de **798.0 mm**, concentrada principalmente entre **junio y septiembre**, siendo menor que la registrada en la Ciudad de México.

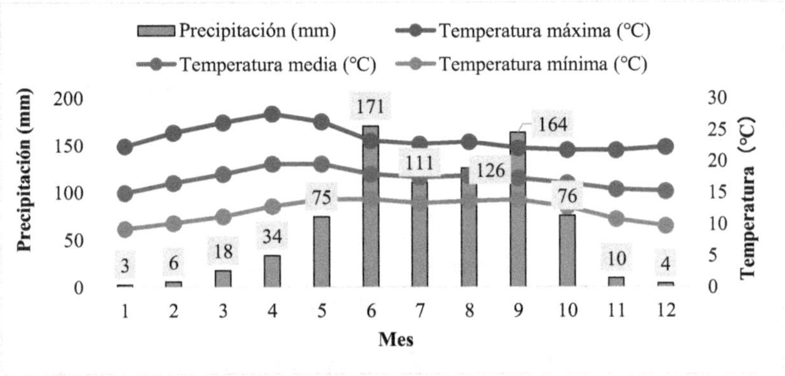

Figura N°2-3-2-1. Precipitación y temperatura al año en la Ciudad de Oaxaca (Fuente: https://ja.climate-data.org/%e5%8c%97%e3%82%a2%e3%83%a1%e3%83%aa%e3%82%ab/%e3%83%a1%e3%82%ad%e3%82%b7%e3%82%b3/oaxaca/oaxaca-3378/)

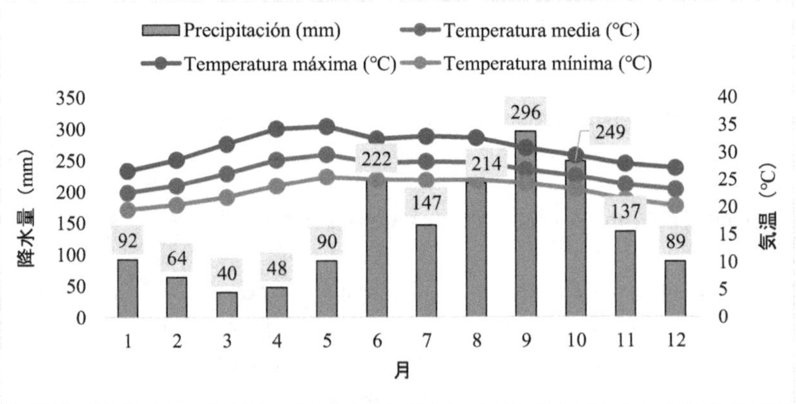

Figura N°2-3-3-1. Precipitación y temperatura al año en la Ciudad de Villahermosa (Fuente: https://ja.climate-data.org/%E5%8C%97%E3%82%A2%E3%83%A1%E3%83%AA%E3%82%AB/%E3%83%A1%E3%82%AD%E3%82%B7%E3%82%B3/tabasco/villahermosa-3372/)

3). Condiciones climáticas de la Ciudad de Villahermosa

La **Figura Nº2-3-3-1** muestra las temperaturas anuales y la precipitación de la ciudad de **Villahermosa**, una urbe situada cerca de las ruinas de **Palenque**. La **temperatura media máxima** es de **30.8 °C**, la **temperatura media anual** de **26.4 °C** y la **temperatura media mínima** de **23.0 °C**, lo que permite suponer que el clima es considerablemente más cálido que el de la Ciudad de México y la ciudad de Oaxaca.

Además, la **precipitación anual** alcanza los **1,688.0 mm**, característica de una **zona de clima de selva tropical**, con lluvias concentradas principalmente entre **junio y octubre**.

4). Condiciones climáticas de la Ciudad de Mérida

Las ruinas de **Uxmal** y de **Chichén Itzá** se localizan en la **península de Yucatán**, en México. Por ello, la **Figura Nº2-3-4-1** muestran la temperatura anual y la precipitación de la ciudad de **Mérida**, capital del estado de Yucatán. La altitud es de apenas **10 m sobre el nivel del mar**, es decir, una zona de tierras bajas.

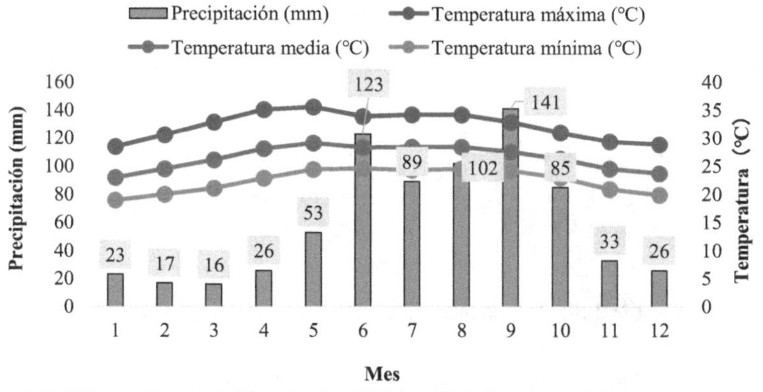

Figura Nº2-3-4-1. Precipitación y temperatura al año en la Ciudad de Mérida (Fuente: https://ja.climate-data.org/%e5%8c%97%e3%82%a2%e3%83%a1%e3%83%aa%e3%82%ab/%e3%83%a1%e3%82%ad%e3%82%b7%e3%82%b3/yucatan-37/r/1%e6%9c%88-1/)

En consecuencia, la **temperatura media máxima** es de **32.3 °C**, la **temperatura media anual** de **26.5 °C** y la **temperatura media mínima** de **22.4 °C**, lo que permite suponer que el clima es más cálido que el de la Ciudad de México y la ciudad de Oaxaca. Sin embargo, la **precipitación anual** es de **734.0 mm**, claramente menor que la de **Villahermosa**, en el estado de Chiapas.

Resulta también interesante que esta cantidad sea **ligeramente inferior a la de la ciudad de Oaxaca (798.0 mm)**. En cuanto a la distribución de las lluvias, al igual que en Oaxaca, estas se concentran principalmente entre **junio y septiembre**. Es decir, se trata de un **clima de sabana**, con una **estación lluviosa y una estación seca bien definidas**.

5). Condiciones climáticas del departamento de Petén

A partir de aquí se ingresa en **Guatemala**, una región asociada a los vestigios del **Período Clásico de la civilización maya** (aproximadamente del **300 a. C. al 900 d. C.**), anterior a la expansión de la civilización maya en México. La **Figura N°2-3-5-1** muestra la condición climática del **departamento de Petén**.

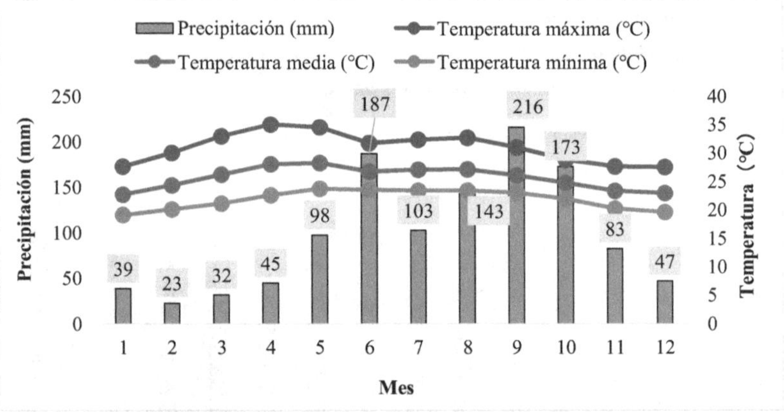

Figura N°2-3-5-1. Precipitación y temperatura al año en Petén（出所
(Fuente: https://ja.climate-data.org/%e5%8c%97%e3%82%a2%e3%83%a1%e3%83%aa%e3%82%ab/%e3%82%af%e3%82%a2%e3%83%86%e3%83%9e%e3%83%a9/peten-961/r/1%e6%9c%88-1/)

La zona donde se localizan las **ruinas de Tikal** se sitúa a una altitud de aproximadamente **100 m sobre el nivel del mar**. En comparación con la **ciudad de Guatemala**, cuya altitud es de alrededor de **1,500 m** y cuyo clima resulta relativamente templado, Petén se caracteriza por un ambiente **cálido y húmedo**, lo que el autor recuerda como especialmente sofocante.

La **temperatura media máxima** es de **31.1 °C**, la **temperatura media anual** de **25.7 °C** y la **temperatura media mínima** de **21.9 °C**. La **precipitación anual** alcanza los **1,189.0 mm**, concentrándose principalmente entre los meses de **junio y octubre**, lo que corresponde a un **clima tropical con una estación lluviosa bien definida**.

4. Teotihuacan (Civilización teotihuacana)

1). Vista general de Teotihuacan

Aquí se examina la relación con los principales cultivos, como el maíz. En primer lugar, la Foto N°2-4-1-1 muestra la Pirámide del Sol de la antigua ciudad de Teotihuacan, ubicada a 19°41′ de latitud norte y 98°50′ de longitud oeste.

Foto No2-4-1-1. Pirámide del Sol de Teotihuacan, 1993

En efecto, la Pirámide del Sol presenta una altura de 65 m y una base de 222 m × 225 m, permitiendo el acceso peatonal hasta su cima, desde donde el autor realizó las tomas fotográficas correspondientes a las Fotos N°2-4-1-2 y N°2-4-1-3.

Figura N°2-4-1-2. Vista vertical hacia abajo desde la cima de la Pirámide del Sol, 1993.

Figura N°2-4-1-3. Vista lateral derecha desde la cima de la Pirámide del Sol, donde se observan la Calzada de los Muertos y la Pirámide de la Luna, 1993.

A continuación, la Foto N°2-4-1-4 muestra la Pirámide de la Luna. Actualmente, la Pirámide de la Luna tiene una altura de 47 m y una base de 140 m × 150 m, y, al igual que la Pirámide del Sol, constituye una estructura de enormes dimensione.

Foto N°2-4-1-4. Pirámide de la Luna de Teotihuacan, 1993

Foto N°2-4-1-5. Vista de la Pirámide del Sol (a la izquierda) y de la Calzada de los Muertos desde la Pirámide de la Luna, 1993.

Asimismo, la Foto N°2-4-1-5 muestra la vista tomada por el autor desde la cima de la Pirámide de la Luna. A la izquierda se aprecia la Pirámide del Sol, mientras que al pie de la Pirámide de la Luna se extiende la Calzada de los Muertos, la avenida principal de la ciudad, que la atraviesa en dirección norte-sur y alcanza aproximadamente 4 km de longitud y 45 m de anchura.

2). Disposición de la Pirámide del Sol (¿Una posible función como calendario solar?)

El conjunto arqueológico de Teotihuacan, incluida la Calzada de los Muertos, fue construido de tal manera que casi toda la ciudad presenta la misma orientación que la Pirámide del Sol, es decir, **un eje girado 15.25 grados en sentido horario con respecto a los puntos cardinales**.

La parte meridional de Teotihuacan se desarrolló a lo largo de la Ciudadela y sigue igualmente una orientación arquitectónica desviada 15.25 grados en sentido horario respecto al eje norte-sur y este-oeste.

Como consecuencia de esta inclinación, **las puestas del sol de los días 13 de agosto y 30 de abril se alinean con la fachada frontal de la Pirámide del Sol**. Asimismo, **los amaneceres de los días 11 de febrero y 29 de agosto se producen directamente detrás de dicha pirámide**.

Ahora bien, Teotihuacan es conocido como una de las grandes civilizaciones megalíticas; sin embargo, **cabe preguntarse qué significado tenía la ubicación de la Pirámide del Sol.** Una de las interpretaciones posibles es que esta estructura haya cumplido una función similar a la de un reloj solar o marcador del tiempo[1].

Como es bien sabido, este sitio arqueológico se localiza en un entorno tropical. No obstante, a partir de la visita realizada por el autor, se percibe un paisaje caracterizado por la presencia de cactus y una impresión general de clima relativamente seco. En este contexto, y considerando la inexistencia de instrumentos de medición del tiempo en aquella época, así como la dificultad para percibir claramente las estaciones en ambientes tropicales, resulta razonable plantear que fue necesario disponer de algún sistema que permitiera determinar los momentos adecuados para la siembra y la cosecha de los cultivos principales, en particular del maíz.

La consideración del régimen de precipitaciones, junto con el control del calendario agrícola, habría sido un factor clave para asegurar la productividad de los cultivos básicos, lo cual, a su vez, influyó directamente en la prosperidad y el desarrollo de la civilización.

3). Pirámide de la Luna

Se trata de la segunda estructura más grande de Teotihuacan y se considera que

---

[1] Si bien se ha propuesto que la estructura pudo haber sido concebida para marcar la puesta del Sol en posiciones específicas durante los equinoccios de primavera y otoño, y que, en consecuencia, habría funcionado como una especie de reloj solar, hasta la fecha no existen pruebas directas que confirmen dicha función. En este sentido, predomina la hipótesis de que su uso estuvo vinculado fundamentalmente a fines astronómicos y ceremoniales.

tuvo una importante función ritual.

Hasta el momento, las excavaciones arqueológicas han revelado enterramientos de individuos que probablemente pertenecieron a las élites gobernantes; sin embargo, no se han encontrado objetos suntuarios ni evidencias materiales claras que permitan identificar dichos hallazgos de manera concluyente como una "tumba real".

Asimismo, en la parte superior de la Pirámide de la Luna se han descubierto **restos humanos, incluidos cuerpos femeninos y esqueletos** que se interpretan como posibles víctimas de sacrificios, junto con valiosas ofrendas como **jade** y **obsidiana**.

Estos hallazgos sugieren que en este lugar se llevaron a cabo rituales de carácter religioso, aunque la interpretación definitiva de su significado sigue siendo objeto de debate.

4). Factores del colapso de la civilización teotihuacana

Como ocurre en todas las civilizaciones, el aumento del grado de prosperidad va acompañado de un crecimiento demográfico. En consecuencia, se vuelve inevitable el incremento de la producción de alimentos, lo que a su vez conduce al avance de la degradación ambiental, incluida la degradación de los recursos del suelo.

En el caso de Teotihuacan, la ciudad alcanzó una superficie aproximada de 20 km^2 y, en su apogeo, albergó entre 100 000 y 200 000 habitantes, contando además con un sistema de drenaje bien desarrollado. Sin embargo, como se ha señalado anteriormente, la concentración poblacional superó progresivamente la capacidad de tratamiento del sistema de alcantarillado.

Como resultado, se produjeron brotes epidémicos y, sumados a las sequías y al deterioro de la seguridad pública, estos factores condujeron finalmente al colapso de la civilización.

5. Tula (Civilización tolteca)

1). Vista general de Tula

Se trata de uno de los sitios arqueológicos más representativos de la civilización tolteca, correspondiente a una antigua ciudad ubicada en la actual localidad de Tula de Allende, en el estado de Hidalgo, al noroeste de la Ciudad de México.

Este centro urbano floreció aproximadamente entre los años 900 y 1150 d.C., durante el período Posclásico, y constituyó el núcleo político y religioso de la civilización tolteca. Sus deidades principales fueron Quetzalcóatl, la Serpiente Emplumada, y Tláloc, el dios de la lluvia. La Foto N°2-5-1-1 muestra el sitio arqueológico de Tula.

Foto N°2-5-1-1. Vista general de la Pirámide B del sitio arqueológico de Tula, 1993.

En particular, las cuatro monumentales esculturas de guerreros (atlantes) situadas en la parte superior del templo son ampliamente conocidas como uno de los principales símbolos de Tula.

En el sitio arqueológico de Tula se han identificado pirámides, palacios, un juego de pelota y esculturas como el **Chac-Mool**, entre otros elementos arquitectónicos y artísticos característicos de la civilización tolteca.

Asimismo, se considera que esta civilización ejerció una influencia significativa en culturas posteriores, especialmente en la civilización mexica o azteca. No obstante, el estudio de la civilización tolteca aún presenta numerosos enigmas, y tanto su extensión territorial como su cronología siguen siendo objeto de debate académico. Si bien está ampliamente aceptado que Tula fue su principal centro, también se ha señalado la posible existencia de otros núcleos importantes.

2). Características de las esculturas de guerreros

La Foto N°2-5-2-1 muestra las cuatro esculturas de guerreros (Atlantes de Tula) que se alzan en el sitio arqueológico de Tula. Se trata de estatuas de piedra de aproximadamente 4.6 m de altura. En un primer momento, al autor le parecieron figuras que sostenían un objeto similar a un arma de fuego; sin embargo, en realidad no se trata de un arma moderna, sino de un *atlatl*, un lanzadardos o propulsor de proyectiles utilizado en la época prehispánica.

Foto Nº2-5-2-1. Los cuatro atlantes situados en la parte superior del sitio arqueológico de Tula, 1993.

Estas cuatro esculturas representan a guerreros toltecas (o guerreros deificado) y presentan elementos comunes en su vestimenta y equipamiento, los cuales pueden resumirse de la siguiente manera:

① **Adorno pectoral en forma de mariposa**
② **Disco solar en la espalda** (símbolo de sacralidad)
③ **Cinturón de armas en la cintura**
④ **Atlatl (propulsor de proyectiles), carcaj y haces de flechas en las manos**

El *atlatl* es un dispositivo utilizado para lanzar lanzas a gran distancia, que puede considerarse una especie de "arma de proyectil" de la antigüedad. Por supuesto, en esa época no existían armas de fuego, por lo que el autor inicialmente pensó que se trataba de un arma similar a un fusil. Esta observación reforzó la impresión de que los toltecas eran un pueblo con marcada inclinación militar.

3). Relación entre guerra y religión

La civilización tolteca era una sociedad en la que la clase guerrera dominaba tanto la política como la religión, y la guerra no se concebía simplemente como un acto de conquista, sino como una acción sagrada destinada a obtener sacrificios para los dioses. Por lo tanto, las esculturas de guerreros de Tula deben interpretarse no tanto como símbolos de afición a la guerra, sino como representaciones de guerreros de carácter religioso y ceremonial.

4). Palacio Quemado (Palacio Quemado, The Burnt Palace)

La Foto N°2-5-4-1 muestra el conjunto de edificaciones conocido como el Palacio Quemado, ubicado en la parte baja del sitio arqueológico de Tula. En cuanto a su estructura, los numerosos pilares circulares corresponden a las bases de las columnas que sostenían el techo. Antiguamente, se colocaban vigas de madera (o de piedra) sobre estas columnas, sobre las cuales se asentaba el techo. Por lo tanto, este espacio debía funcionar como un **salón principal** o **sala de reuniones**.

Foto N°2-5-4-1. Conjunto de edificaciones conocido como el Palacio Quemado, en la parte baja del sitio arqueológico de Tula, 1993.

Sus características pueden resumirse de la siguiente manera:

① **Disposición de pilares de piedra en cuadrícula** en el plano arquitectónico.

② **Escalinata (plataforma elevada)** en una de las esquinas, donde se estima que se realizaban rituales y discursos.

③ **Restos de incendio en el piso** (capa carbonizada), lo que da origen al nombre en español de "Palacio Quemado".

5). Interpretación arqueológica sobre su uso

5)-1. "Sala de reuniones" de carácter administrativo y ritual

Se considera que en el centro político de Tula, estas construcciones de tipo palaciego servían como espacios donde el gobernante y la clase guerrera se reunían para llevar a cabo ceremonias y reuniones estratégicas.

Además, la disposición de las columnas y la estructura de la plataforma elevada sugieren un diseño de espacio público que diferenciaba claramente entre la audiencia y los oradores.

5)-2. Espacio para rituales religiosos

A partir de algunos murales y de los objetos recuperados, es posible que en este lugar también se llevaran a cabo ceremonias de ofrendas a los dioses; sin embargo, no existen evidencias que indiquen que fuera un **escenario directo de sacrificios humanos**.

Las instalaciones asociadas con sacrificios se han identificado principalmente en Tula en el **Juego de Pelota** y en la **Pirámide B** (el templo con las esculturas de atlantes).

5)-3. Sala de carácter militar

En la sociedad tolteca, la clase guerrera estaba profundamente vinculada con los rituales en los templos, por lo que se ha planteado la hipótesis de que este espacio habría funcionado como **sala de reunión de los guerreros** o como **lugar de preparación para ceremonias rituales.**

6). Similitudes con Chichén Itzá

En **el 10 en mismo Capítulo** se analiza Chichén Itzá, correspondiente a la civilización maya clásica. Cabe destacar que este sitio también cuenta con construcciones que presentan una estructura de columnas muy similar a la de Tula. En particular, se trata del **Templo de los Guerreros y las Mil Columnas** (el "Templo de los Guerreros" y la "Plaza de las Mil Columnas").

Esta disposición arquitectónica se inspira claramente en el **Palacio Quemado** de

Tula, y constituye una evidencia de la transmisión de la cultura tolteca a los mayas, lo que ha dado lugar al concepto de **"estilo tolteca-maya"**.

En otras palabras, la arquitectura de columnas se erige como un **elemento simbólico del estilo tolteca**, y Chichén Itzá adoptó este modelo para reflejar la fusión cultural con los toltecas.

6. Características de Monte Albán

1). Resumen general

El sitio se encuentra en el sur de México, en el estado de Oaxaca (aproximadamente a 9 km al oeste de la ciudad de Oaxaca), y se ubica a una altitud de unos 1,940 m sobre el valle de Oaxaca. La extensión total del sitio alcanza los 42 km², aunque los principales templos y observatorios astronómicos se concentran en un área de 200 m de este a oeste y 300 m de norte a sur alrededor de la **Plaza Central**. Asimismo, en este espacio se encuentran pirámides, templos, palacios, un juego de pelota y estelas con glifos únicos.

Se estima que su período de ocupación se inició alrededor del año 500 a.C. (siglo V a.C.) y se prolongó hasta aproximadamente el año 800 d.C. En 1987, Monte Albán fue inscrito como **Patrimonio de la Humanidad por la UNESCO**.

Foto Nº2-6-2-1. La Gran Plaza del sitio arqueológico de Monte Albán, 1993

2). Gran intervención humana

La cima de la montaña fue nivelada para construir la amplia **Gran Plaza**, alrededor de la cual se dispusieron templos, palacios, juego de pelota y estructuras para la observación astronómica. Por ello, se considera que esta civilización fue la primera en Mesoamérica en desarrollar un **diseño urbano planificado**. La **Foto Nº2-6-2-1** muestra la Plaza Central del sitio arqueológico.

3). Relieves de guerreros y prisioneros ("Danzantes")

Se trata de un conjunto escultórico correspondiente a la **capa más antigua** (Fase I de construcción), en el que predominan figuras masculinas desnudas con posturas extrañas. Originalmente fueron interpretadas erróneamente como **"danzantes"**, pero en la actualidad se considera que representan **prisioneros o víctimas de guerra** (Ver la Foto Nº2-6-3-1).

Estas esculturas incluyen **glifos zapotecas tempranos** y signos cronológicos (símbolos calendáricos), lo que evidencia su papel pionero en la **cultura de la escritura mesoamericana.**

Foto Nº2-6-3-1. Los Danzantes de Monte Albán, relieves escultóricos en los muros exteriores del Templo de los Danzantes

4). Observatorio

Se encuentra en el extremo sur de la plaza y consiste en una construcción pentagonal inclinada. Su orientación está basada en los movimientos celestes, y se piensa que fue utilizada para la observación del **sol, Venus y constelaciones**. Esto indica que Monte Albán no solo fue una ciudad de carácter religioso, sino también un **centro astronómico**.

Foto Nº2-6-4-1. El interior del sitio arqueológico de Monte Albán, 1993

Además, la **Foto Nº2-6-4-1** muestra el interior del sitio arqueológico de Monte Albán, correspondiente también al conjunto escultórico de los **Danzantes**. Cabe agregar que más de **300 losas** están incorporadas en las paredes de los templos y plataformas, representando casi exclusivamente **hombres adultos desnudos**. Los cuerpos aparecen retorcidos, con brazos y piernas doblados, y las expresiones faciales sugieren **sufrimiento**. En algunos casos se observan **circuncisión o castración y representaciones de sangrado**.

No obstante, estas esculturas de los Danzantes no deben interpretarse únicamente como un registro cruento de la guerra, sino también como **rituales de regeneración cósmica**, siendo uno de los **primeros conjuntos de esculturas humanas en Mesoamérica**. Esto evidencia el **origen del arte como instrumento para hacer visible el poder y los rituales**, y esta expresión simbólica constituye un **prototipo del pensamiento de "sangre y regeneración"** que posteriormente se reflejaría en los rituales de sacrificio de la civilización azteca.

5). Estilo arquitectónico

En cuanto al estilo arquitectónico, predominan **pirámides escalonadas** construidas mediante capas de **piedra caliza y tierra**, cubiertas con mampostería de piedra cortada. Sobre las **plataformas** se erigían templos y lugares de culto. Una característica destacada es la **disposición estricta de las estructuras principales a lo largo del eje norte-sur**, conformando un **plano urbano axial** riguroso. Además, en las plataformas norte y sur alrededor de la plaza central se concentran las **tumbas de la élite gobernante**. Finalmente, la arquitectura de Monte Albán fue diseñada **en relación con la salida y la puesta del sol y la aparición de Venus**, simbolizando la **integración del calendario agrícola con los rituales religiosos.**

6). Cosmovisión y observación astronómica

Los zapotecas otorgaban gran importancia a la **idea del mundo de los muertos**, desarrollando **construcciones funerarias y rituales mortuorios**, y en sus tumbas se han encontrado **ofrendas de oro, jade y conchas**. Este aspecto influyó posteriormente en la civilización **mixteca**.

Por otro lado, los rituales realizados en la plaza central se dirigían a dioses de la **lluvia, la fertilidad y la regeneración**, configurando un **espacio de comunicación entre el cielo y la tierra** que influiría posteriormente en mayas y aztecas. La existencia de un **observatorio astronómico** se abordará y analizará en detalle en el capítulo 9, dedicado a Chichén Itzá.

7). Desarrollo histórico de Monte Albán

El desarrollo histórico de Monte Albán se explica en la **Tabla 2-6-7-1**. Como se observa en la misma, hacia el siglo VIII la ciudad perdió su función como **centro político** y la urbe de la cima fue abandonada. Sin embargo, posteriormente surgió un nuevo centro en el valle de Oaxaca, **Mitla**, donde la cultura zapoteca continuó heredando sus **tradiciones religiosas y arquitectónicas**.

En **el capítulo 7** se introduce Mitla, donde se observa un notable desarrollo de la **decoración en greca** y una **profundización en la creencia en el mundo de los muertos**.

Tabla Nº2-6-7-1. Desarrollo histórico de Monte Albán

時期	概要
Monte Albán, fase I (a. C. 500–200 a. C.)	Acondicionamiento de la cima del cerro y construcción de los primeros templos. Aparición de las esculturas de los “Danzantes”.
Fase II (200 a. C. – 200 d. C.)	Expansión del poder político y militar, con el control de gran parte del Valle de Oaxaca.
Fase III (200 – 800 d. C.)	Periodo de máximo esplendor urbano. Se consolidan la Gran Plaza central y los conjuntos de pirámides escalonadas, y la población alcanza aproximadamente los 20 000 habitantes.
Fases IV–V (800 – 1000 d. C.)	Declive de la civilización zapoteca. Posteriormente, el sitio fue reutilizado por los mixtecos.

(Fuente: ChatGPT)

8). Agricultura ancestral: la “Milpa”

Como puede imaginarse al observar las fotografías, los alrededores carecían de vegetación y presentaban un entorno casi desértico. Uno de los motivos por los cuales se aborda este sitio arqueológico es **la práctica agrícola ancestral conocida como Milpa**, que ha sido utilizada en esta región desde tiempos antiguos.

La Milpa consiste en **cultivar simultáneamente maíz, legumbres y calabaza** en un mismo terreno. Esta combinación se conoce como “**Las Tres Hermanas” (The Three Sisters)** y ofrece, en comparación con el cultivo de un solo producto, las siguientes tres ventajas:

① El **maíz** sirve de soporte para que las enredaderas de las legumbres puedan trepar.
② Las **legumbres**, mediante la fijación de nitrógeno por sus rizobios, mejoran la fertilidad del suelo y favorecen el crecimiento del maíz.
③ La **calabaza** cubre el suelo, reduce el crecimiento de malezas y ayuda a retener la humedad del suelo.

En varias regiones de México, incluyendo el sitio de Monte Albán, se han encontrado evidencias de que la Milpa ya se practicaba en épocas prehispánicas, lo que demuestra la larga historia de esta técnica agrícola.

7. Mitla (Civilización zapoteca – mixteca)

1). **Vista general de Mitla**

Tras la visita a Monte Albán, se visitó el sitio arqueológico de **Mitla** (ver la Foto N°2-7-1-1). Este sitio se convirtió en un importante **centro religioso** tras el declive de Monte Albán.

Como se aprecia en la fotografía, presenta un estilo arquitectónico **decorativo y refinado**, caracterizado por **mosaicos de piedra con patrones geométricos elaborados**, mostrando un mayor nivel de sofisticación en comparación con Monte Albán.

Foto N°2-7-1-1. Ruinas de Mitla, 1993

2). **Ciudad religiosa sucesora de Monte Albán**

Se encuentra ubicada en el **estado de Oaxaca, México** (aproximadamente a 40 km al este de la ciudad de Oaxaca, en la parte oriental del valle de Oaxaca) y, en cuanto a la tradición cultural, representa la **continuidad de la civilización zapoteca tardía hacia la época mixteca**. Su período de mayor esplendor abarcó los **siglos IX al XV**, después del declive de Monte Albán. En otras palabras, **Mitla** fue un **centro de culto al mundo de los muertos**, conservando y transformando las ideas religiosas desarrolladas en Monte Albán.

Las **Fotos N°2-7-2-1 y N°2-7-2-2** muestran los **característicos patrones geométricos de piedra** del sitio arqueológico de Mitla.

Foto N°2-7-2-1. Ruinas de Mitla, 1993

Foto N°2-7-2-2. Ruinas de Mitla, 1993

En Mitla, los **complejos diseños encajados en paredes y columnas** reflejan el **estilo arquitectónico distintivo de la fase tardía de la civilización zapoteca**. Se conservan restos de **templos y palacios**, que se consideran lugares donde se realizaban **rituales religiosos**. A continuación, se describen las características arquitectónicas más destacadas.

3). Características arquitectónicas

3)-1. Elaborados "patrones geométricos de piedra (grecas)"

La característica más sobresaliente de Mitla son las **paredes decorativas formadas por piedra labrada ensamblada en mosaico**, sin uso de adhesivos, donde cada piedra encaja de manera precisa.

Los patrones repiten **formas que simbolizan espirales, escaleras, rayos y el ciclo de la vida**, consideradas **símbolos ornamentales de muerte y regeneración**, una evolución de las construcciones más simples de Monte Albán.

3)-2. Disposición de los edificios

El complejo se organiza alrededor de **cinco grupos de palacios** (Palacio Norte, Palacio Sur, Patio de la Iglesia, Cali del Mitla, entre otros). Los edificios del norte incluían **cámaras funerarias para la élite gobernante y los sacerdotes**, donde se realizaban **rituales funerarios**.

3)-3. Estructuras subterráneas y el mundo de los muertos

Las excavaciones han revelado **criptas y túneles bajo los edificios**. Los antiguos consideraban estos espacios como **la entrada al "Mictlán", el mundo de los muertos**, funcionando como una **"puerta sagrada" que conectaba el mundo de los vivos con el de los muertos**.

3)-4. Estructuras subterráneas y el mundo de los muertos

4). Significado religioso

En Mitla, la idea de la **"regeneración a través de la sangre"** de la época de Monte Albán evolucionó hacia un concepto más abstracto y simbólico: **"el ciclo eterno de muerte y regeneración"**. Además, la **repetición infinita de los patrones geométricos** simboliza la **continuidad de la vida y el orden cósmico**.

Este pensamiento influyó posteriormente en la **religión mexica (azteca)**, consolidándose en la creencia común mesoamericana de que **la muerte no es el fin, sino la puerta hacia una nueva vida**.

5). Valor actual de Mitla

Mientras que Monte Albán fue una **ciudad política y militar**, Mitla se desarrolló como una **ciudad religiosa y del mundo de los muertos**. Es un sitio arqueológico **clave para la comprensión de la fusión cultural zapoteca-mixteca**, simbolizando la **"continuidad sagrada de Oaxaca"**.

6). Herencia ideológica de Monte Albán a Mitla

La **Tabla N°2-7-6-1** muestra un **resumen comparativo entre Monte Albán y Mitla**. La comparación de ambos sitios permite **comprender las diferencias en sus concepciones ideológicas**. Fue un privilegio poder visitar la ciudad de Oaxaca y observar de primera mano estas evidencias culturales.

Tabla N°2-7-6-1. Herencia ideológica de Monte Albán a Mitla

Enfoque	Monte Albán	Mitla
Periodo	500 a. C. – 800 d. C.	900 – 1500 d. C.
Actor principal	Civilización zapoteca	Zapotecos → Mixtecos
Carácter urbano	Centro político, militar y religioso	Centro religioso y ritual centrado en el culto a los muertos
Expresión simbólica	Esculturas de los "Danzantes" (sacrificio y victoria militar)	Motivos geométricos (eternidad y regeneración)
Pensamiento religioso	Regeneración a través de la sangre	Ciclo eterno a través de la muerte
Topografía	Ciudad artificial construida en la cima de una montaña	Ciudad religiosa situada en la llanura del valle

(Fuente: ChatGPT)

8. Palenque (Civilización maya clásica)

1). Vista general del sitio arqueológico de Palenque

A continuación, se aborda la civilización maya en la zona de selva tropical. La ubicación de Palenque se encuentra en el sur de México, en el estado de Chiapas, a lo largo de la cuenca del río Usumacinta, y corresponde al periodo clásico medio y tardío de la civilización maya (siglos IV–IX). Fue inscrito como Patrimonio de la Humanidad por la UNESCO en 1987.

Palenque es una de las ciudades más destacadas de la civilización maya, famosa por su alto nivel artístico y su cultura epigráfica. A diferencia de Uxmal, situada en la región árida de piedra caliza en el norte de Yucatán (que se analiza en el capítulo 8), Palenque se encuentra rodeada de un ambiente húmedo dentro de la selva tropical.

La **Foto Nº 2-8-1-1** muestra el "**Templo de las Inscripciones**", uno de los sitios representativos de la ciudad-estado clásica de Palenque. Este templo es famoso por contener la tumba del rey Pakal, que reinó en el siglo VII, así como por sus edificios con esculturas y relieves muy elaborados. Es un sitio arqueológico que simboliza la prosperidad y el esplendor de la civilización maya clásica.

Foto Nº2-8-1-1. Templo de las Inscripciones en las ruinas de Palenque (Fuente: Conocido español, 1993)

2). Características de la ciudad

2)-1. Excelente escultura y cultura epigráfica

La arquitectura de piedra, los relieves escultóricos y las inscripciones en estelas revelan la historia política y la genealogía de la dinastía de la época. En particular, en el **Templo de las Inscripciones** se descubrió la cámara funeraria del rey Pakal, convirtiéndose en uno de los hallazgos más importantes en la historia de la arqueología maya.

2)-2. Arquitectura artística

Se utilizó con habilidad la piedra caliza blanca, logrando formas más delicadas y equilibradas que en otros sitios mayas. Además, la ornamentación es destacada: los relieves de las paredes representan con riqueza mitos y símbolos de la realeza.

2)-3. Convivencia con el agua

Dentro del sitio fluye un arroyo, canalizado mediante conducciones de piedra. Esto se relaciona con el nombre de la ciudad, **Lakamha' (Gran Agua)**, y refleja la integración de la práctica ritual y la técnica de riego en la civilización maya.

3). Principales construcciones

3)-1. Templo de las Inscripciones

Es la construcción más grande de Palenque, mostrada en la Foto Nº2-8-1-1. En 1952, el arqueólogo **Alberto Ruz Lhuillier** descubrió en su interior la cámara funeraria del rey **K'inich Janaab' Pakal**.

El relieve grabado en la tapa del sarcófago representa el momento mítico en que el rey Pakal desciende al inframundo para su regeneración, y a menudo se interpreta como un "piloto de nave espacial", lo que ha inspirado popularmente la hipótesis de los **antiguos astronautas**.

Foto Nº2-8-3-1. Palacio del sitio arqueológico de Palenque, 1993

(Fuente: Conocido español, 1993)

3)-2. El Palacio

La Foto N°2-8-3-1 muestra el **Palacio** de Palenque. Es un complejo construido alrededor de un patio cuadrado, con una torre (también llamada **Observatorio**) como característica destacada. Se considera que allí se realizaban las funciones administrativas y ceremoniales del rey.

Tabla N°2-8-4-1. Migración y características de los tres grupos de templos

Nombre del templo	Significado	Características
Templo de la Cruz	Símbolo del árbol cósmico (á rbol del mundo)	El de mayor tamaño y ubicado en una posición central
Templo de la Cruz Foliada	Símbolo de la vida y la regeneración	Famoso por sus relieves interiores
Templo del Sol	Símbolo de los guerreros y del dios solar	De menor tamaño, decorativo y bien conservado

(Fuente: ChatGPT)

Foto N°2-8-4-1. Templo de la Cruz Foliada

(Fuente: Conocido español, 1993)

3)-3. Grupo de templos de la Cruz

En el complejo de templos existen tres principales: el **Templo de la Cruz**, el **Templo del Sol** y el **Templo de la Cruz de las Hojas**, los cuales simbolizan la cosmovisión trina del universo (ver la Tabla Nº2-8-4-1). La Foto Nº2-8-4-1 muestra el **Templo de la Cruz de las Hojas**, uno de los templos del grupo de la Cruz. Este conjunto arquitectónico tiene carácter religioso y está vinculado al dios del Sol y a los mitos de la creación. Se considera que fue construido por **K'an B'alam II**, hijo del rey Pakal, con el propósito de deificar a su padre.

4). Contexto histórico

El período de máximo esplendor de la dinastía ocurrió a mediados del siglo VII, especialmente durante el reinado del rey **Pakal** (615–683), mientras que su declive se produjo a finales del siglo IX, coincidiendo aproximadamente con el colapso típico de la civilización maya de las tierras bajas. Posteriormente, las ruinas quedaron ocultas en la selva hasta ser redescubiertas entre los siglos XVIII y XIX.

En la década de 1840, el explorador británico **John Lloyd Stephens** y el pintor **Frederick Catherwood** documentaron el sitio, dando a conocer la existencia de la civilización maya en Europa y América del Norte.

5). Creencias y cosmovisión

El complejo de Palenque fue construido como un escenario simbólico de la creación y la regeneración según la mitología maya. Los glifos y relieves que representan la **ceiba** (árbol del mundo) y los ciclos solares sugieren conceptos de muerte y renacimiento, la conexión entre el mundo terrenal y el inframundo, y la circulación cósmica. En el centro de este complejo se encuentra la tumba del rey Pakal, que ejemplifica el proceso mediante el cual un humano se convierte en divino, representando la cumbre del arte maya.

6). Evaluación actual

Palenque es considerado el **punto culminante artístico de la civilización maya**, destacando por la armonía entre arquitectura, mitología y historia dinástica. Mientras que **Uxmal** en Yucatán (capítulo 8) representa la sofisticación técnica y decorativa, Palenque simboliza la excelencia en sabiduría, escritura y cosmovisión mitológica.

Foto Nº2-9-1-1. Pirámide del Adivino de Uxmal (fachada oriental)
(Fuente: Conocido español, 1993)

Foto Nº2-9-1-2. Pirámide del Adivino de Uxmal (fachada occidental)
(Fuente: Conocido español, 1993)

9. Uxmal (Civilización del período Posclásico)

1). Vista general de Uxmal

Uxmal es uno de los sitios arqueológicos más representativos de la **civilización maya del período Posclásico**, ubicado en el estado de **Yucatán, México**, dentro de la región correspondiente al **estilo arquitectónico Puuc** de la cultura maya.

La famosa **Pirámide del Adivino** es uno de sus edificios más icónicos, con una altura aproximada de **35 metros**, lo que la convierte en una de las más grandes de la región maya. Su construcción se realizó de manera **escalonada y progresiva** entre los siglos VI y X d.C.

En 1996, Uxmal fue **declarada Patrimonio de la Humanidad por la UNESCO**. Las **Fotos N°2-9-1-1 y N°2-9-1-2** muestran, respectivamente, la **fachada frontal y posterior de la Pirámide del Adivino**.

2). Estructura "frontal y posterior" de la Pirámide del Adivino

2)-1. Frente (lado este) = lado del altar principal

Aquí se encuentra la **escalera de pendiente pronunciada** y, en la parte superior, los **Templos IV y V**. En los niveles superiores hay **decoraciones en forma de máscaras del dios Chaac (dios de la lluvia)**, típicas del estilo Puuc. Ritual y religiosamente, está orientada hacia la **dirección del amanecer (este)**, relacionada con la **adoración al sol**.

2)-2. Parte posterior (lado oeste) = lado del templo secundario

También posee otra escalera y la entrada a un templo. En su interior se encuentran los **templos más antiguos (fases I–III)**. En los niveles inferiores estaba la entrada al templo interno de la primera fase de la Pirámide del Adivino. El lado oeste simboliza la dirección del ocaso, indicando una relación con **la regeneración y el inframundo**.

2)-3. ¿Por qué existe esta "doble cara"?

Esta pirámide tiene cinco capas de templos superpuestas construidas a lo largo del tiempo, por lo que cada época tenía un frente diferente. Es decir, el frente cambiaba con cada fase constructiva, y como resultado, ambos lados (este y oeste) cuentan con templos y escaleras, por motivos arquitectónicos.

Particularmente en la arquitectura maya, se valoraba la regeneración y la superposición de fases (arquitectura que encierra el pasado), por lo que en lugar de hablar de "frente y espalda", es más adecuado considerarla como "dos caras superpuestas a través del tiempo". La **Tabla N°2-9-2-1** muestra un resumen de la **estructura de los lados este (frontal) y oeste (posterior)**.

Tabla N°2-9-2-1. Resumen de la estructura de los lados este (frente) y oeste (posterior)

Orientación de la fachada	Fase constructiva	Templo	Características
Este (fachada principal)	Fases IV–V	Templos IV y V	Decoración del dios Chaac; lado más conocido desde el punto de vista turístico
Oeste (parte posterior)	Fases I–III	Templos I, II y III	Restos conservados de los templos más antiguos; orientación hacia la puesta del sol

(Fuente: ChatGPT)

3). Características de la Pirámide del Adivino

3)-1. Base elíptica

A diferencia de la mayoría de las pirámides mayas, que poseen **plataformas cuadrangulares**, la pirámide de Uxmal tiene una **plataforma elíptica (en forma de huevo)**, lo cual constituye una estructura sumamente rara. Se dice que esto podría estar relacionado con **observaciones astronómicas o simbolismo religioso.**

3)-2. Cinco fases de construcción

Como se mencionó antes, la pirámide fue **ampliada en distintas épocas**, y en su interior contiene **cinco templos superpuestos** (siguiendo la tradición constructiva maya). El templo más antiguo se encuentra **encerrado en el interior**, mientras que el templo superior está decorado con **mascarones del dios Chaac (dios de la lluvia).**

3)-3. Representante de la arquitectura estilo Puuc

Se caracteriza por **decoraciones de piedra en mosaico extremadamente detalladas**, con especial atención a los **ornamentos nasales de Chaac** y los **motivos geométricos**, finamente expresados.

3)-4. Mitología y tradición maya

Esta pirámide posee una **leyenda famosa**: "Una noche, un enano construyó la pirámide en una sola noche mediante poderes mágicos. Nació de un huevo gracias a una bruja (su madre), desafió en un concurso de sabiduría al rey de Uxmal y ganó, convirtiéndose finalmente en rey".

De este relato surge el nombre **'Pirámide del Adivino'**. Cabe señalar que esta leyenda del enano se relaciona con tradiciones posteriores del período tardío maya, como los textos del **Chilam Balam**.

4). Cuadrángulo de las Monjas

El origen del nombre se debe a que los españoles creyeron que se trataba de un convento de monjas y, por ello, lo llamaron "**Casa de las Monjas**".

4)-1. Edificio norte del convento

La **Foto N°2-9-4-1** muestra la vista general del **Cuadrángulo de las Monjas**. El edificio que se observa al fondo (en el centro posterior) corresponde al **edificio norte del convento**, el cual es **el más ricamente decorado**. Está adornado con numerosos **glifos mayas** y **relieves de deidades**, incluyendo **mascarones del dios Chaac (dios de la lluvia)** y motivos de serpientes. Por esta razón, a menudo se le denomina también **"el edificio del rey"**.

Foto N°2-9-4-1. Cuadrángulo de las Monjas

(Fuente: Conocido español, 1993)

4)-2. Edificio este del convento (Templo de Venus)

El edificio situado a la derecha (en dirección diagonal derecha en la foto) corresponde al **edificio este**, que en el lugar se conoce también como el **"Templo de Venus"**. Este nombre popular se debe a que en sus muros se observan **relieves que simbolizan a Venus** (motivos estrellados y representaciones del dios Venus). La **Foto N°2-9-4-2** muestra un acercamiento de dicho templo.

Foto N°2-9-4-2. Ala oriental del Cuadrángulo de las Monjas (Templo de Venus)
(Fuente: Conocido español, 1993)

5). Uxmal con estilo Puuc y expansión tras el colapso de la civilización maya clásica

En cualquier caso, los restos de **Uxmal** son famosos por la **"Pirámide del Adivino"** y el **Cuadrángulo de las Monjas**, caracterizados por el estilo arquitectónico **Puuc** (decoración en mosaico de piedra, mascarones del dios Chaac y motivos geométricos, con estructuras redondeadas). Esta ciudad-estado fue una de las que **incrementó su poder tras el colapso de la civilización maya clásica**.

10. Chichén Itzá (Civilización posclásica)

1). Contexto histórico y auge y decadencia de Chichén Itzá

Se encuentra ubicada en el **norte de la península de Yucatán, México** (cercanías de la ciudad actual de Ticumín, estado de Yucatán). En 1988, fue inscrita como **Patrimonio de la Humanidad por la UNESCO**.

La **Tabla Nº2-10-1-1** muestra el contexto histórico y el auge y decadencia de Chichén Itzá. Su historia es antigua, comenzando aproximadamente hacia el **600 a.C.**, alcanzando su **máximo esplendor entre los años 900 y 1200 d.C.** Posteriormente, experimentó un proceso de decadencia, y para **principios del siglo XVI**, cuando los españoles llegaron a la península de Yucatán, ya se encontraba en estado de abandono.

Tabla Nº2-10-1-1. Contexto histórico y auge y decadencia de Chichén Itzá

Período	Contenido
Hacia 600 a. C.	Se confirman evidencias de asentamientos tempranos (final del Preclásico).
Hacia 750–900 d. C.	Durante el Clásico Tardío maya, el sitio comienza a desarrollarse como ciudad.
Hacia 900–1200 d. C.	Bajo la influencia de la cultura tolteca, alcanza su máximo esplendor. Se construyen conjuntos arquitectónicos monumentales, como El Castillo (Templo de Kukulkán) y el Templo de los Guerreros.
Hacia 1200–1300 d. C.	Pierde su función como centro político y religioso, iniciando un proceso de declive (abandono).
A comienzos del siglo XVI	Cuando los españoles llegaron a Yucatán, el sitio ya se encontraba en estado de ruina.

(Fuente: ChatGPT)

Foto Nº2-10-2-1. El Castillo en Chichén Itzá

(Fuente: Conocido español, 1993)

2). Vista general de Chichén Itzá

2)-1. El Castillo

La **Foto Nº2-10-2-1** muestra una de las pirámides del sitio arqueológico de **Chichén Itzá**, ubicada en el estado de **Yucatán**, conocida como **El Castillo.**

Foto Nº2-10-2-2. El Castillo en Chichén Itzá (Parte II)

(Fuente: Conocido español, 1993)

Además, en la **Foto Nº2-10-2-2** se muestra la pirámide desde la ubicación del **Quetzalcóatl (Kukulkán).** Es uno de los sitios de la **civilización maya del Posclásico.** La pirámide se denomina **El Castillo** y funciona como un gigantesco calendario: las escaleras suman 91 escalones por cada lado, y al multiplicar 91 × 4 y sumar la plataforma basal (1 escalón), se obtiene **365**, que representa los días del año.

La pirámide tiene **9 niveles**, y sumando ambos lados de las escaleras se obtiene 18, correspondiente a los meses del año. Además, los nichos de cada nivel suman 52 (26 × 2 = 52), representando el ciclo calendárico completo.

También se le conoce como **Templo de Kukulkán**, construido aproximadamente en el **siglo X (900-1000 d.C.)**. Su arquitectura combina los estilos **maya y tolteca**, con una altura aproximada de 24 m (casi 30 m incluyendo la plataforma).

2)-2. Significado cultural

Es una ciudad que refleja la **fusión de la cultura tolteca (México central) y maya (Yucatán)**, con avances notables en arquitectura, astronomía, matemáticas y rituales religiosos. Está estrechamente vinculada a la observación de Venus (el lucero del alba). En 2007, fue elegida como una de las **Nuevas Siete Maravillas del Mundo**.

Foto N°2-10-3-1. Relieves escultóricos con motivos de serpiente, visibles en el Templo de Kukulkán, asociado a la deidad de la Serpiente Emplumada

(Fuente: Conocido español, 1993)

Foto N°2-10-3-2. Relieves de serpiente en el Templo de Kukulkán

(Fuente: Conocido español, 1993)

2)-3. Estilo tolteca-maya

La **Foto Nº2-10-3-1** muestra el templo de **Kukulkán (serpiente emplumada)** y para la **Foto Nº2-10-3-2,** un edificio representativo del estilo **tolteca-maya**. En Chichén Itzá, especialmente en El Castillo, los relieves de serpientes en la estructura muestran la fuerte influencia tolteca, constituyendo un ejemplo destacado del **estilo tolteca-maya**.

Un aspecto especialmente notable de El Castillo es la serpiente de Kukulkán señalada en rojo en las Fotos Nº2-10-2-1 y Nº2-10-2-2. Durante los equinoccios de primavera y otoño, la serpiente parece **moverse** (aproximadamente a las 9 a.m.), un fenómeno destinado a observar con precisión el movimiento solar. Además de la "serpiente de luz", se ha detectado también la **serpiente de sombra**, cuyo detalle se analiza en **el 6). en el mismo Capítulo.**

3). Observatorio (El Caracol)

Entre los aspectos más conocidos de la **civilización maya** se encuentran el desarrollo de la astronomía, las matemáticas y los calendarios. Además, los **glifos mayas** han sido descifrados en gran medida por numerosos arqueólogos, aunque todavía se consideran enigmáticos en muchos aspectos.

La **Foto Nº2-10-3-3** muestra el **observatorio El Caracol**, ubicado en el antiguo sector de Chichén Itzá. La palabra *caracol* significa "caracol" o "espiral" en español. Este edificio fue diseñado de forma circular para permitir la **observación de los 360° del cielo**, y para calcular con precisión los ciclos de los distintos cuerpos celestes se requerían **más de 200 años de observación**.

Foto Nº2-10-3-3. Observatorio El Caracol
(Fuente: Foto del Libro por Castro con Snipping Tool).

4). El calendario maya

Aunque los **ciclos astronómicos** observados por los mayas datan de hace más de **1000 años**, sus cálculos eran extremadamente precisos. Comparando con los valores actuales:

① **Ciclo solar:** 365.2420 días
Cálculo maya: 365.2420 días (diferencia de 17 segundos por 1/5000)
② **Ciclo lunar:** 29.53059 días
Cálculo maya: 29.53086 días
③ **Ciclo de Venus:** 584.00 días
Cálculo maya: 583.92 días

¿Por qué los mayas invirtieron tanto esfuerzo en la astronomía? Este es uno de los grandes misterios de su civilización.

Al igual que en el observatorio de **Monte Albán**, uno de los principales objetivos era **determinar los períodos óptimos de siembra y cosecha de los cultivos**, especialmente el **maíz**. En aquella época no existían relojes ni calendarios modernos, por lo que el **desarrollo de la astronomía y las matemáticas** era esencial para **asegurar la prosperidad de la civilización y el manejo de sus cultivos fundamentales**.

5). Características de Chichén Itzá

Después del colapso de **Tikal** en Guatemala, uno de los principales representantes de la **civilización maya clásica** (como se explica en el **11.** en el mismo Capítulo)[2], se interpreta que los pueblos mayas se trasladaron al **norte de la península de Yucatán** en México, donde prosperaron nuevamente como **civilización maya posclásica**. Sin embargo, desde el punto de vista arqueológico, los mayas necesitaban la fuerza del **pueblo tolteca** —una tribu militarmente poderosa que había formado un estado unificado cerca de la Ciudad de México— para asegurar la continuidad de su grupo étnico. Por ello, coexistieron y se fusionaron con los toltecas en Chichén Itzá.

Aunque tanto los mayas como los toltecas compartían la **adoración al Sol**, los

---

[2] La **civilización maya clásica** fue la primera en florecer en Mesoamérica, especialmente en lo que hoy son **Guatemala** y **Honduras**, aproximadamente entre los años 200 y 900 d.C. Como se explicó anteriormente, **Palenque** en México también es un sitio arqueológico de la civilización maya clásica.

mayas, a diferencia de los toltecas, tuvieron que adaptarse a la **dominación tolteca**, siendo tratados como población laboral y sometidos a prácticas ajenas a su cultura. Entre estas prácticas destaca el **ritual de sacrificios humanos**, poco común entre los mayas[3].

Foto N°2-10-5-1. Templo de los Guerreros

(Fuente: conocido español, 1993)

Foto N°2-10-5-2. Chac Mool (Ampliación de la **Foto N°2-9-6-1**)

(Fuente: sección publicada en el libro *México Antiguo* por Castro, modificada por el autor mediante la herramienta Snipping Tool)

Desde el punto de vista turístico, en el **Palacio de los Guerreros** de Chichén Itzá (ver la Foto N°2-10-5-1) se encuentra en el centro el famoso **Chac-Mool** (ver la Foto

---

[3] Según investigaciones arqueológicas recientes, se considera que poseían la **cultura de los antiguos mayas** (los detalles se omiten).

N°2-10-5-2)[4].

En la construcción de este palacio, los **mayas** fueron utilizados como mano de obra, mientras que el **control político** lo ejercía la **tribu tolteca**.

Para los toltecas, se libraban guerras inevitablemente con el fin de asegurar los sacrificios a los dioses; sin embargo, al agotarse por la guerra, su civilización fue colapsando. Asimismo, los mayas también llegaron a su fin. Cabe señalar que aquí no se profundiza en los detalles, ya que quedan fuera del alcance de este libro.

Foto N°2-10-6-1. Chichén Itzá, 23 de septiembre de 1990 (equino de otoño) (Parte 1) (Extraída y procesada con la herramienta Snipping Tool del video *Especial dominical de TBS – Viaje al Nuevo Mundo: Misterios de los Mayas y las civilizaciones antiguas*)

6). Descensión de Kukulkán (observación complementaria)

Aquí resulta interesante el fenómeno que ocurre en el templo de Chichén Itzá. Durante los equinoccios de primavera y otoño, la base de la pirámide El Castillo (templo de Kukulkán) proyecta una sombra que adopta la forma de una serpiente, conectándose con las cabezas de serpiente ubicadas a ambos lados de la escalinata de la pirámide, dando la impresión de que Kukulkán (la serpiente emplumada) desciende desde el templo. Este fenómeno se denomina "La Descensión de Kukulkán".

Las Fotos N°2-10-6-1 a N°2-10-6-3 muestran este evento. De hecho, alrededor de las 16:20 horas la serpiente de luz comienza a aparecer gradualmente, alcanzando su

[4] **Chac Mool**: se trata de un pedestal o escultura utilizada para colocar y ofrecer el corazón extraído durante los sacrificios humanos. De hecho, el conquistador español **Hernán Cortés** (1485–1547), al no comprender estas prácticas rituales, consideró a los pueblos mesoamericanos como "bárbaros", lo que contribuyó a la destrucción y sometimiento de civilizaciones como la **maya** y la **tolteca**.
https://ja.wikipedia.org/wiki/%E3%83%81%E3%83%A3%E3%82%AF%E3%83%A2%E3%83%BC%E3%83%AB

punto máximo entre las 16:30 y las 17:00 horas, para luego desaparecer con el paso del tiempo. Esta observación permitía anticipar la llegada de la temporada de lluvias y, de inmediato, proceder con la siembra del maíz.

Foto N°2-10-6-2. Chichén Itzá, 23 de septiembre de 1990 (equino de otoño) (Parte 2) (Extraída y procesada con la herramienta Snipping Tool del video *Especial dominical de TBS – Viaje al Nuevo Mundo: Misterios de los Mayas y las civilizaciones antiguas*)

Foto N°2-10-6-3. Chichén Itzá, 23 de septiembre de 1990 (equino de otoño) (Parte 3) (Extraída y procesada con la herramienta Snipping Tool del video *Especial dominical de TBS – Viaje al Nuevo Mundo: Misterios de los Mayas y las civilizaciones antiguas*)

11. Tikal (Civilización maya clásica)

1). Panorama general de Tikal

La Foto N°2-11-1-1 muestra el Templo I de Tikal, y para la Foto 2-11-1-2, el Templo II. El sitio arqueológico de Tikal se encuentra ubicado en 17°13′ N, 89°37′ O. Cabe destacar que Tikal fue registrado como Patrimonio Mundial de la UNESCO en 1979.

Foto N°2-11-1-1. Sitio arqueológico de Tikal, Templo I, ubicado en el departamento de Petén, Guatemala, 1993

Foto N°2-11-1-2. Sitio arqueológico de Tikal, Templo II, ubicado en el departamento de Petén, Guatemala, 1993

Además, la Foto N°2-11-1-3 muestra la vista panorámica de los Templos I, II y III tomada desde la cima del Templo IV, lo que permite apreciar cómo estos sitios arqueológicos emergen de manera repentina en medio de la selva tropical.

Foto N°2-11-1-3. Templos I, II y III en medio de la selva tropical, vistos desde el Templo IV, 1993

2). Razones del colapso de Tika

Aunque Tikal se presenta hoy de manera repentina en medio de la selva tropical, en realidad se trata de un **bosque secundario**. La época de esplendor de Tikal se sitúa entre los años **300 y 900 d.C.**, destacando especialmente entre **600 y 800 d.C.**, cuando se construyó su **grandiosa estructura urbana y complejos arquitectónicos**.

El auge de la civilización provocó un **incremento poblacional**, lo que obligó a aumentar la producción de alimentos, como **maíz y leguminosas**. Los recursos hídricos para la agricultura de Tikal dependían de **aguas pluviales**, y se han encontrado numerosos **restos de reservorios**. También se sabe que se construyeron **canales que conectaban los reservorios**.

Este aspecto distingue a Tikal de las **cuatro grandes civilizaciones** (Egipto, Mesopotamia, el Valle del Indo y el río Amarillo), cuya característica común fue desarrollarse **cerca de grandes ríos**. Por el contrario, Tikal se encontraba **en medio de la selva tropical**, sin ríos importantes en sus alrededores. Por ello, la **recolección de aguas pluviales** era esencial para la vida, aprovechando al mismo tiempo las **microcondiciones climáticas del bosque tropical primario**.

Sin embargo, **el auge de la civilización provocó un aumento poblacional**, lo que generó la necesidad de **ampliar las tierras agrícolas para incrementar la producción de alimentos**. Por ello, es posible imaginar que se talaron los **bosques primarios de la época** para practicar la **agricultura de roza y quema**.

Además del cambio climático local debido a la deforestación (como la **reducción**

de las precipitaciones), los templos de Tikal fueron construidos **con estuco como material principal**, cuya **superficie blanca refleja la luz solar**, evitando la formación de corrientes ascendentes y contribuyendo a una **disminución aún mayor de las lluvias**. Dado que Tikal dependía del agua de lluvia, la producción de alimentos llegó a un **estado crítico**, lo que provocó conflictos y guerras por los alimentos en las regiones vecinas. Finalmente, la población **abandonó esta zona**, trasladándose a otras regiones como **Chichén Itzá**, tal como se ha descrito anteriormente.

A modo de repaso, se presenta una **cronología simplificada del auge de tres sitios arqueológicos**:

① **Tikal (300–900 d.C.)**
② **Palenque (600–900 d.C.)**
③ **Chichén Itzá (900–1200 d.C.)**

Foto Nº3-12-1-1. Parque arqueológico de Quiriguá, 1992

12. Quiriguá (Civilización maya del período Clásico Tardío)

1). Panorama general de Quiriguá

Se encuentra en el este de Guatemala, en el departamento de **Izabal**, a lo largo de la cuenca del río **Motagua**. El **3 de agosto de 1992**, durante mi estancia de seis semanas en la ciudad de **Antigua** (Guatemala) para entrenamiento en español previo a mi asignación como voluntario del **Japan Overseas Cooperation Volunteer (JOCV)** en Panamá, visité este sitio.

El **desarrollo pleno de Quiriguá** tuvo lugar durante el **Período Clásico Tardío** (aproximadamente entre los años 600 y 900), destacándose especialmente entre finales del siglo VII y el siglo VIII, durante unos **150 años**, como un **importante centro político y cultural**. Por lo tanto, se trata de una ciudad-estado relativamente más **reciente que Tikal**, perteneciente al período Clásico.

La **Foto Nº3-12-1-1** muestra el parque arqueológico de Quiriguá, la primera imagen que se obtiene al ingresar al sitio. Cabe mencionar que **en 1981 fue inscrito como Patrimonio de la Humanidad por la UNESCO**.

2). Apogeo de Quiriguá

Hacia el año **550 d.C.** comenzó la construcción de la **acrópolis**, y entre los siglos VIII (700–800) se alcanzó el **pico en la creación de esculturas y estelas con inscripciones**.

Un dato interesante es que **Quiriguá estuvo temporalmente bajo el dominio de Tikal**. Sin embargo, en **el año 738**, el gobernante de Quiriguá, **K'ak' Tiliw Chan**, capturó y ejecutó a un influyente líder de Tikal. Tras este hecho, Quiriguá **recobró su independencia y desarrolló su propia prosperidad**, alcanzando su período de máximo esplendor durante aproximadamente **60 años**.

3). Estelas monumentales y monumentos zoomorfos en el apogeo de Quiriguá

1). Estelas monumentales

Quiriguá es un sitio arqueológico conocido por sus **enormes estelas de piedra** y por sus **altares en forma de animales (monumentos zoomorfos)**, también llamados **dioses zoomorfos de Quiriguá**. Este lugar es **fundamental para comprender el arte, la cultura y el sistema político de la civilización maya clásica**.

En la Foto Nº2-12-3-1 se muestra una de las estelas representativas, que alcanza una altura aproximada de **10 metros**.

Foto N°2-12-3-1. Estela monumental de Quiriguá, 1992

Foto N°2-12-3-2. Techo de paja que cubre un monumento zoomorfo de Quiriguá, 1992

2). Dioses zoomorfos

A continuación, la **Foto N°2-12-3-2** muestra **el techo de paja que protege un monumento zoomorfo**. Debajo de este techo se encuentran **dos de estos dioses zoomorfos**, que se aprecian en detalle en la **Foto N°2-12-3-3**.

Durante el siglo VIII, Quiriguá logró **independizarse de Copán** y expandir su propia influencia. Fue en este período cuando se erigieron muchos de los monumentos conmemorativos más impresionantes.

Por estas razones, **Quiriguá pertenece indudablemente a la civilización maya clásica y alcanzó su apogeo como ciudad-estado en el período Clásico Tardío**.

Foto Nº2-12-3-3. Monumento zoomorfo de Quiriguá visto de cerca, bajo un techo de paja, 1992

Capítulo III

Colapso de la Civilización antigua en México y Guatemala

1. Restos arqueológicos relacionados con el maíz

Los tres cultivos principales mencionados anteriormente, al igual que el arroz en Oriente y el trigo en Occidente, muestran que la cultura maya ha estado centrada en el maíz desde la antigüedad hasta la actualidad.

En el Capítulos II (México y Guatemala), se presentó un análisis detallado de los sitios arqueológicos visitados, lo que resultó en una explicación extensa. Sin embargo, la conclusión es clara: el cultivo del maíz desempeñaba un papel fundamental como alimento principal, y más allá de su función alimentaria, era el eje de la cultura, la religión y la economía, profundamente arraigado en el estilo de vida y la cosmovisión de las sociedades mesoamericanas.
En los sitios arqueológicos mencionados, se han encontrado numerosos restos que evidencian la importancia del maíz, que se pueden resumir de la siguiente manera:

① **Teotihuacán**: Se han descubierto restos de sistemas de riego, lo que indica que se practicaba un cultivo de maíz a gran escala. También se hallaron murales, cerámicas y otros objetos relacionados con la deidad del maíz y la fertilidad.

② **Tula**: En la civilización tolteca, el maíz era un cultivo principal. Se han encontrado piedras de moler (metates) y cerámicas utilizadas para su preparación y consumo.

③ **Monte Albán y Mitla**: En estos centros de la civilización zapoteca se han hallado metates y cerámicas que probablemente se usaban para almacenar o procesar maíz. Además, se han encontrado objetos decorados con motivos relacionados con el maíz. En Monte Albán, se identificaron estructuras de terrazas que evidencian la práctica de la **milpa**, un sistema de cultivo mixto de maíz, frijol y calabaza.

④ **Tikal, Quiriguá, Palenque, Uxmal y Chichén Itzá**: En estas ciudades de la civilización maya, el maíz era el cultivo más importante. Se han encontrado metates, almacenes, estatuas y relieves que representan dioses del maíz, así como murales con escenas de rituales agrícolas. La escritura maya incluso incluye glifos específicos para el maíz, subrayando su importancia. Además, la topografía y los restos de canales muestran que se diseñaron entornos propicios para su cultivo.

En conclusión, en todos estos sitios arqueológicos, el maíz no solo sustentaba la alimentación de la población, sino que también estaba estrechamente vinculado con la mitología, los rituales, la creación del calendario y todos los aspectos sociales. La abundancia de maíz estaba directamente relacionada con la prosperidad de la civilización.

2. Importancia del maíz en las civilizaciones antiguas

1). Introducción

En Mesoamérica —especialmente en México y en el ámbito de la civilización maya— y en el Imperio inca existieron diferencias significativas en la concepción y el uso del maíz. No obstante, en México y entre los mayas, el maíz constituyó un **cultivo básico fundamental**, en particular como alimento principal en forma de **Tortillas**. No es exagerado afirmar que, con el fin de determinar los momentos adecuados para la siembra y la cosecha del maíz, estas civilizaciones desarrollaron notablemente las **matemáticas y la astronomía** (aunque, por supuesto, dichas disciplinas también respondían a otros fines, como la organización de rituales y ceremonias).

Con la llegada de la **Era de los Descubrimientos**, a partir del viaje de Cristóbal Colón y la posterior conquista de América por parte de España, numerosos cultivos originarios de América Latina —como el **maíz, la papa, el tomate, el pimiento, el chile, la batata y el cacao**, entre otros— se difundieron hacia Europa y otras regiones del mundo. Entre ellos, el **maíz** se consolidó como uno de los cultivos más representativos y, gracias a su **carácter multifuncional**, continúa siendo hasta hoy uno de los productos agrícolas más ampliamente cultivados y utilizados a escala global.

2). Objetivos principales y cultivos predominantes de la Milpa

En la agricultura de **Mesoamérica** y del **período inca**, se analizan dos sistemas agrícolas representativos: la **milpa** de la civilización zapoteca en México. Durante un viaje a México no fue posible observar directamente el sistema de la milpa.

① **Objetivo principal**: La milpa es un sistema agrícola complejo que consiste en el **cultivo simultáneo de múltiples especies en una misma parcela**, con el fin de optimizar el uso del suelo, mejorar la fertilidad del suelo (por ejemplo, mediante la **fijación biológica de nitrógeno**), reducir la incidencia de plagas y **estabilizar la producción agrícola**.

② **Estructura**: Generalmente se practica en **parcelas de terreno plano** y, en muchos casos, se combina con el sistema de **roza y quema**. En este sistema se cultivan de manera asociada los principales cultivos: **maíz**, **leguminosas** (como el frijol) y **calabaza**.

③ **Cultivos principales**: El **maíz** constituye el cultivo central, acompañado por **leguminosas** y **calabaza**, que se siembran conjuntamente como parte del sistema policultural.

3. Valor del maíz en las civilizaciones antiguas en México y Guatemala

1). Valor del maíz

Entre las civilizaciones de **México y** de **Maya** se consideró como cereal básico para la valoración del maíz. En el primer caso, la evidencia arqueológica —como la **Pirámide del Sol de Teotihuacan** o **El Castillo (Kukulcán) de Chichén Itzá**— muestra que los equinoccios de primavera y otoño eran claramente identificados con el fin de prever el inicio de la temporada de lluvias. Estos hechos indican con certeza que el maíz era concebido como un **alimento básico fundamental**.

2). ¿Por qué la milpa no ha conservado su forma original?

En el caso de la **milpa**, como se observa en el contexto del sitio arqueológico de **Monte Albán**, perteneciente a la civilización zapoteca, la **Valle de Oaxaca** se caracteriza por ser una región relativamente **seca**. Además, el sitio se localiza a una **altitud aproximada de 1,940 m**, lo que corresponde a una zona de altura.

Las condiciones de altitud, cercanas a los 1,940 m, influyeron tanto en los **cultivos posibles** como en el **desarrollo de las técnicas agrícolas**. Asimismo, debido al clima seco, se ha señalado la posibilidad de que se hayan desarrollado **sistemas de irrigación** para complementar la producción agrícola.

La **milpa**, basada fundamentalmente en la **agricultura de roza y quema**, constituyó un sistema agrícola **flexible**, capaz de adaptarse a diversos entornos ecológicos. Precisamente por esta flexibilidad, no era habitual la construcción de **estructuras permanentes**. Las parcelas de cultivo se desplazaban cada pocos años y, tras el abandono, el terreno regresaba gradualmente a su estado natural.

4. Presentación de este libro: similitudes y diferencias entre las civilizaciones antiguas

1). Introducción

En este apartado se pretende organizar el **contexto histórico** de las civilizaciones antiguas, así como las **similitudes y diferencias en los procesos de colapso**, centrándose principalmente en los **sitios arqueológicos visitados por el autor**. Cabe señalar que este libro ofrece una introducción a las civilizaciones antiguas **desde la perspectiva del maíz**, por lo que **no tiene como objetivo abordar en detalle los aspectos históricos específicos** de cada civilización.

No obstante, resulta pertinente presentar de manera sucinta el proceso de la **conquista de las civilizaciones antiguas de América Latina** tras el descubrimiento del Nuevo Mundo por **Cristóbal Colón en 1492**, así como las campañas de **Hernán Cortés (1485–1547)** y **Francisco Pizarro**. La razón de esta inclusión radica en que, **antes de la invasión española**, las civilizaciones de América Latina ya habían experimentado **múltiples procesos de surgimiento, transformación y reemplazo cultural**.

En este contexto, los sitios visitados por el autor —**Teotihuacan, Tula, la Plaza de las Tres Culturas, Monte Albán y Mitla**— corresponden a **civilizaciones y períodos históricos distintos**. Con la excepción de la **Plaza de las Tres Culturas**, cuyos vestigios se asocian al **Imperio mexica (azteca)**, todos estos sitios representan **productos históricos anteriores a la conquista española**.

Por otra parte, en el caso de **Perú**, la visita se limitó a **sitios arqueológicos del Imperio inca**, los cuales están estrechamente vinculados al proceso de conquista llevado a cabo por **Francisco Pizarro**. Por eso, el autor no lo excluyo acá como **no tener la relación con degradación de la fertilidad de suelo y abandonante la civilización**.

5. Explicación de las civilizaciones de México mediante una cronología

1). Introducción

Los sitios arqueológicos de las civilizaciones antiguas de México visitados por el autor —**Teotihuacan, Tula, Monte Albán y Mitla**— corresponden a civilizaciones que **colapsaron antes de la conquista española**. En contraste, los vestigios de la **Plaza de las Tres Culturas** proceden del **Imperio mexica (azteca)** y fueron **conquistados y destruidos por los españoles bajo el mando de Hernán Cortés**. Considerando también las causas de estos procesos, dicha información se ha organizado en forma de **cronología**, presentada en la **Tabla Nº3-5-1-1**.

Cabe señalar que, en el caso de la **civilización maya del Período Clásico en Guatemala** y de la **civilización maya del Período Posclásico en la península de Yucatán (México)**, existen aspectos históricos de gran complejidad. Por ello, con el fin de centrar el análisis en el **papel del maíz** y en el **colapso de las civilizaciones asociado a la agricultura y a la degradación ambiental**, el presente trabajo sintetiza **consultas y perspectivas elaboradas con el apoyo de ChatGPT**.

Tabla Nº3-5-1-1. Cronología de los sitios arqueológicos de las civilizaciones mexicanas visitados por el autor

Período	Civilización de Teotihuacan	Civilización zapoteca(Monte Albán/Mitla)	Civilización maya (Palenque/Uxmal/Chichén Itzá)	Civilización tolteca (Tula)
alrededor del año 500 a. C.	Fase inicial de construcción (alrededor del 200 a. C.)	Fundación de Monte Albán	Primeros asentamientos mayas (Período Preclásico)	-
alrededor del año 100 d. C.	Avance en la planificación y construcción de los complejos ceremoniales	Fase Monte Albán I	Antiguas ciudades mayas, como Kaminaljuyú	-
alrededor del año 250 d. C.	Finalización de las Pirámides del Sol y de la Luna	Fase Monte Albán II (apogeo)	Inicio del Período Clásico maya (Tikal, entre otros)	-
alrededor del año 400 d. C.	Expansión urbana y población estimada en alrededor de 200 000 habitantes	Desarrollo de la escritura y de la cultura letrada	Auge de la dinastía de Palenque	-
alrededor del año 550 d. C.	Inicio del colapso (incendios y disturbios sociales)	Declive gradual	Apogeo del Período Clásico maya	-
alrededor del año 700 d. C.	Ciudad ya convertida en ruinas / abandonada	Fase Monte Albán III (traslado del centro político a Mitla)	Florecimiento de Palenque y Tikal	-
alrededor del año 800 d. C.	-	Mitla se consolida como centro religioso	Abandono de Palenque e inicio del colapso del área maya del sur	Período previo al auge tolteca
alrededor del año 900 d. C.	-	Abandono definitivo de Monte Albán	Esplendor de Uxmal y Chichén Itzá (Período Posclásico)	Inicio de la construcción de Tula y ascenso de los toltecas
alrededor del año 1000 d. C.	-	Período de esplendor de Mitla	Apogeo de Chichén Itzá (estilo tolteca)	Apogeo de Tula (Templo de Quetzalcóatl)
alrededor del año 1150 d. C.	-	Declive gradual de Mitla	Proceso de abandono de Chichén Itzá	Colapso de la civilización tolteca (invasiones de pueblos del norte)
alrededor del año 1300 d. C.	-	Transición hacia la hegemonía mixteca	Florecimiento de las ciudades mayas del norte (Mayapán, entre otras)	-
alrededor del año 1500 d. C.	-	-	Colapso final de las dinastías tardías de las Tierras Bajas mayas	-

(Fuente: ChatGPT)

2). Teotihuacan

Teotihuacan fue la mayor civilización urbana del centro de México, y desempeñó un papel central como núcleo comercial y religioso, ejerciendo además una notable influencia sobre la civilización maya. Sin embargo, a mediados del siglo VI, la ciudad experimentó un colapso rápido. Entre las causas propuestas se encuentran la sobreexplotación agrícola y la deforestación en la Cuenca de México, que habrían provocado **la degradación de los suelos y el agotamiento de los recursos hídricos**. A estos factores se habría sumado un cambio climático, acelerando el proceso de colapso.

3). Monte Albán

El sitio arqueológico de **Monte Albán**, correspondiente a la civilización zapoteca, representó una **cultura indígena dominante en el Valle de Oaxaca**. Aunque se trató de una civilización de **larga duración**, su declive se produjo de manera **gradual y escalonada**. Uno de los factores principales fue la localización de la ciudad en la **cima de una montaña**, lo que limitó la disponibilidad de **tierras agrícolas** y generó una **presión creciente sobre la producción agrícola** como consecuencia del aumento poblacional.

Cabe señalar que, si bien **Monte Albán** entró en declive, la **civilización zapoteca** no colapsó. En cambio, su **centro político y religioso se desplazó hacia Mitla**, donde continuó su desarrollo.

4). Tula

La **civilización tolteca tardía**, con centro en **Tula**, surgió tras el colapso de Teotihuacan y se asoció al **control del norte del Altiplano Central mexicano**. Esta civilización mantuvo además **vínculos culturales y políticos** con la civilización maya del **Período Posclásico**, particularmente con **Chichén Itzá**.

No obstante, el avance de la **aridificación** en el **norte del Altiplano mexicano** dificultó el desarrollo de la **agricultura de riego**, lo que a su vez provocó **movimientos poblacionales** y el incremento de **conflictos sociales**, contribuyendo finalmente al colapso de la civilización tolteca.

6. Explicación de la civilización maya del Período Clásico en Guatemala mediante una cronología

1). Introducción

A continuación, se presentan **dos sitios arqueológicos de la civilización maya**

del Período Clásico en Guatemala, visitados por el autor, cuya **cronología se muestra en la Tabla N°3-6-1-1**. Dado que se trata del **Período Clásico**, resulta evidente que estos sitios corresponden a una etapa **anterior a la conquista española de América Latina**.

Tabla N°3-6-1-1. Cronología de los sitios arqueológicos de la civilización maya del Período Clásico en Guatemala visitados por el autor

Período	Tikal	Quiriguá
alrededor del año 300 a. C.	Inicio del sedentarismo agrícola (final del Perí odo Preclásico)	Fase inicial de construcción (final del Período Preclá sico)
alrededor del año 250 d. C.	Formación de la dinastía y consolidación como ciudad central del mundo maya clásico	Formación de la dinastía bajo la influencia de Tikal y Copán
año 378 d. C.	Intervención de Teotihuacan (evento conocido como "Nacimiento del Fuego") y establecimiento de una nueva dinastía	Integración en la esfera de influencia de Tikal
alrededor del año 500 d. C.	Primer período de apogeo (intensa actividad constructiva)	Funcionamiento como ciudad secundaria y nodo de intercambio comercial
el año 562 d. C.	Derrota frente a Calakmul y declive temporal (Período Oscuro)	Desarrollo bajo la dominación de Copán (con presencia de inscripciones jeroglíficas)
el año 692 d. C.	Restauración bajo el reinado del rey Jasaw Chan K'awiil	Creciente afirmación de la autonomía política y énfasis en la producción epigráfica
el año 734 d. C.	Reanudación de la actividad constructiva y ampliación de las pirámides	Captura del rey de Copán, Waxaklajuun Ubaah K' awiil, y proclamación de la independencia
alrededor del año 750 d. C.	Culminación del poder comercial, cultural y polí tico; dominio del norte de Guatemala	Período de máximo esplendor; construcción de un conjunto monumental de estelas (las mayores del mundo maya)
del año 800 a 820 d. C.	Cese de las actividades constructivas y proceso de colapso dinástico	Rápido declive y cese de los registros dinásticos
alrededor del año 850 d. C.	Inicio del abandono, migración poblacional y deterioro ambiental evidente	Abandono definitivo, atribuido a los límites de la capacidad agrícola
alrededor del año 900 d. C.	Conversión en ruinas y progresiva cobertura por la selva	Abandono definitivo, atribuido a los límites de la capacidad agrícola

(Fuente: ChatGPT)

2). Tikal y Quiriguá

Tikal dominó durante un largo período como la **mayor ciudad militar y política del mundo maya**, contando con **numerosas ciudades satélite** en su entorno. Se estima que, durante su fase de colapso, la población superaba los **100,000 habitantes**.

Por otro lado, **Quiriguá** fue inicialmente un **territorio subordinado a Copán**, ubicado en la actual Honduras. Sin embargo, logró de manera excepcional su **independencia política**, dejando como legado un **conjunto de estelas monumentales** de notable valor cultural, famosas tanto por su **altura superior a los 8 metros** como por la **extraordinaria precisión y complejidad de sus inscripciones jeroglíficas**.

3). Similitudes en el colapso de ambos sitios

Ambas ciudades colapsaron **a comienzos del siglo IX** y permanecieron durante siglos **ocultas por la selva y olvidadas**. A continuación, se enumeran los **factores comunes** asociados a su colapso:

① **Recursos hídricos**: Ninguna de las dos ciudades contaba con **ríos permanentes**. El abastecimiento de agua dependía de **cenotes** y de **reservorios artificiales (chultunes)** destinados a la captación de agua de lluvia.

② **Agricultura**: La producción agrícola se basaba principalmente en el **cultivo del maíz**, combinando **agricultura de roza y quema** con **terrazas sostenidas por muros de piedra**.

③ **Degradación ambiental**: El aumento de la **densidad poblacional** condujo a una intensa **deforestación**, lo que provocó la **degradación del suelo** y la reducción de su **capacidad de retención de agua**. En consecuencia, la agricultura alcanzó sus límites, especialmente en combinación con **períodos de sequía**.

④ **Proceso de colapso**: La **incapacidad de mantener la base agrícola** derivó en una **crisis en la producción de alimentos**. Como resultado, se produjo el **colapso del poder dinástico**, seguido del **abandono urbano**, lo que constituye un **patrón típico de declive de las civilizaciones mayas de las tierras bajas**.

7. Explicación de la civilización maya de la península de Yucatán (México) mediante una cronología

1). Introducción

La **Tabla Nº3-7-1-1** muestra una cronología de los **tres principales sitios arqueológicos de la civilización maya en México**. Cabe señalar que **estos sitios no fueron visitados directamente por el autor**; sin embargo, dado que **comparten varios elementos en común con el colapso de la civilización maya del período Clásico en Guatemala**, se consideran conjuntamente en el presente apartado.

Asimismo, es importante destacar que **las causas del colapso en la península**

de Yucatán no se limitan a factores ambientales y agrícolas, sino que **incluyen también aspectos culturales y militares**. Por ello, en este análisis se incorporan dichos factores adicionales con el fin de **ordenar y comprender de manera integral el proceso de declive de esta civilización**.

Tabla N°3-7-1-1. Cronología de los sitios arqueológicos de la civilización maya en México

Período	**Palenque (Período Clásico maya)**	**Uxmal (Período Posclásico Temprano)**	**Chichén Itzá (Período Posclásico Temprano)**
alrededor del año 250 d. C.	Inicio de la construcción (fase de asentamiento temprano)	—	—
alrededor del año 600 d. C.	Período de máximo esplendor (reinado del rey Pakal)	Primeras evidencias de ocupación	—
del año 700 a 750	Finalización del Palacio y de los templos con inscripciones jeroglíficas	Expansión arquitectónica (estilo Puuc)	Fase de fundación
del año 800 a 850	Interrupción de los registros del poder diná stico (fase de declive)	Período de máximo esplendor (Pirámide del Adivino, entre otros monumentos)	Período de expansión (estilo Puuc)
del año 900 a 950	Estado de abandono	Inicio del declive	Período de máximo esplendor (fusión con el estilo tolteca)
del año 1000 a 1050	—	Estado de abandono / desaparición	Dominio de carácter tolteca (Templo de los Guerreros, entre otros)
del año 1100 a 1200	—	—	Declive, desaparición del poder dinástico y abandono del sitio
los años 1500	—	—	Persistencia de poblaciones mayas, con posterior desplazamiento hacia Tulum
del año 1517 a 1542	—	—	Llegada de los españoles a Yucatán y etapa de descubrimiento del sitio

(Fuente: ChatGPT)

2). Palenque

Palenque, al igual que **Tikal y Quiriguá en Guatemala**, fue una ciudad representativa de la **civilización maya del período Clásico (250–900 d.C.)**, cuyo **apogeo se situó aproximadamente entre los años 600 y 750 d.C.**

Se trataba de una ciudad **dependiente de los recursos hídricos pluviales y forestales**, y su colapso se atribuye a una combinación de **deterioro ambiental, sequías prolongadas, degradación del suelo y rupturas del poder político**.

① **Avance de la deforestación**: Al igual que Tikal, Palenque fue construida en una zona de selva densa. Para la obtención de **materiales de construcción (madera y cal para estuco)**, combustible y la expansión de tierras agrícolas, se llevó a cabo una **deforestación a gran escala**. En particular, la producción de estuco mediante la calcinación de piedra caliza requería enormes cantidades de madera, por lo que **cuanto más avanzaba la construcción de templos y palacios, mayor era la presión ejercida sobre el entorno natural**.

② **Degradación del suelo y colapso agrícola**: Como consecuencia de la pérdida de cobertura forestal, **la erosión del suelo superficial se aceleró**, provocando la desaparición de los **suelos negros fértiles**. Esto conllevó la pérdida de las funciones ecológicas del bosque, como la **retención de agua y la regulación del microclima**, intensificando así los efectos de las sequías.

③ **Abandono de tierras agrícolas y emigración poblacional**: La degradación del suelo y la disminución de las precipitaciones provocaron una **drástica reducción de las cosechas de los principales cultivos, como el maíz**. En consecuencia, la ciudad dejó de ser capaz de sostener a su población, lo que generó la **migración de los agricultores**, el colapso del sistema de abastecimiento alimentario y, finalmente, una **reacción en cadena que condujo al derrumbe del sistema político**.

④ **Conflictos internos e inestabilidad dinástica**: Los registros dinásticos se interrumpen hacia **finales del siglo VIII**, lo que sugiere la **pérdida o desaparición de la élite gobernante**, acompañada de conflictos internos y cambios abruptos de poder.

⑤ **Evidencias aportadas por la ciencia moderna**: Investigaciones en **arqueología ambiental** han demostrado, mediante **análisis isotópicos de estalagmitas** procedentes de cuevas cercanas a Palenque y del actual estado de Puebla, que **durante el siglo IX se repitieron sequías extremas a lo largo de varias décadas**, coincidiendo con el período de colapso. Asimismo, los **análisis polínicos y de restos carbonizados** evidencian una reducción significativa de especies forestales y la presencia de prácticas de **agricultura de roza y quema**, confirmando la existencia de una **transformación ambiental inducida por la actividad humana**.

3). Uxmal

Uxmal fue una de las principales ciudades de la **civilización maya del período Clásico Tardío / Posclásico Temprano (aprox. 600–900 d.C.)**, y alcanzó su máximo esplendor en el **siglo IX**, convirtiéndose en el **centro político y ceremonial de la región Puuc**.

La ciudad se desarrolló sobre una **meseta calcárea**, caracterizada por la **escasez de cenotes (manantiales naturales)**, lo que hacía que la **falta de agua durante la estación seca** se convirtiera en un factor crítico. Como consecuencia, Uxmal inició su

declive a partir del siglo X.

Aunque comparte numerosos rasgos con **Chichén Itzá**, tratada **en el 4). en el mismo Capítulo).**, el colapso y la decadencia de Uxmal **no pueden atribuirse a una causa única**, sino que se consideran el resultado de una **compleja interacción de múltiples factores**. Entre ellos, destaca el hecho de que **desde finales del siglo IX hasta comienzos del siglo X**, se repitieron **sequías severas a gran escala**, que afectaron no solo a Uxmal sino a amplias regiones que incluían **toda la península de Yucatán**.

Estas condiciones climáticas extremas han sido demostradas mediante **evidencias arqueológicas y geológicas**, en particular a través de **análisis de estalagmitas**, que indican una disminución prolongada de las precipitaciones durante el período coincidente con el declive de la ciudad.

4). Chichén Itzá

Al igual que en el caso de Uxmal, en el entorno de **Chichén Itzá** no existían ríos permanentes, por lo que la ciudad dependía fundamentalmente de los cenotes como fuente de agua. En consecuencia, es probable que el agotamiento o la disminución de los recursos hídricos haya afectado gravemente al funcionamiento urbano.

Asimismo, la deforestación intensiva y la repetición de la agricultura de roza y quema habrían provocado **una degradación progresiva de los suelos y una reducción del rendimiento agrícola**. Hasta este punto, los factores de colapso son comunes a los observados en otras ciudades mayas de la península de Yucatán. Sin embargo, el declive de Chichén Itzá durante el Posclásico no puede explicarse únicamente a partir de causas ambientales.

A partir de aquí, alejándose de los factores estrictamente relacionados con la degradación ambiental, es importante señalar que Chichén Itzá fue una ciudad-estado de carácter militar y religioso, en la que se observa una clara fusión con elementos de estilo tolteca, tales como las esculturas de atlantes y las figuras de **Chac-mool**. Hacia aproximadamente el año 1100 d.C., su estructura de poder colapsó, dando lugar al abandono progresivo de la ciudad.

Como evidencia de ello, tanto Uxmal como Chichén Itzá muestran una transición estilística, desde el estilo Puuc (representado por Uxmal) hacia una integración con el estilo tolteca (claramente visible en Chichén Itzá). Este cambio ha sido interpretado, desde una perspectiva arqueológica, como un reflejo de transformaciones en las relaciones con **fuerzas externas, posiblemente procedentes del centro de México**[5].

De este modo, cabe añadir que existen hipótesis que sostienen que los contactos culturales y militares con grupos externos pudieron haber debilitado la estabilidad política interna de la ciudad, contribuyendo así a su colapso, junto con los factores ambientales previamente mencionados.

7. Factores comunes y diferencias en el colapso de las civilizaciones de México y Maya (resumen)

De este modo, se puede identificar un **mínimo común denominador** en las causas del colapso de las civilizaciones de México y Maya:

① **Cambio microclimático debido a la deforestación de bosques naturales** provocada por el aumento de la población.

② **Degradación de los suelos por la práctica repetida de la agricultura de roza y quema**, lo que imposibilitó la agricultura sostenible.

③ En particular, en la **civilización maya**, el hecho de que los edificios fueran construidos con **estuco (cal)** habría impedido la formación de corrientes ascendentes, contribuyendo a una **mayor disminución de las precipitaciones**.

④ La interacción de **inestabilidad social (explotación, rebeliones)** y **inestabilidad política (luchas de poder, guerras)** generó un **modelo de colapso complejo**, entrando así en un **ciclo negativo autoperpetuante**.

Por otro lado, entre las civilizaciones de México y Maya existen diferencias

---

[5] **Factores propios de Chichén Itzá (transición de poder y conflictos internos):** En **Chichén Itzá**, existe la hipótesis de que, tras recibir una fuerte influencia de la cultura **tolteca**, el poder político pasó del grupo **itzá** a los **maya-panes** (de origen maya). Este proceso de transición habría generado inestabilidad política, conflictos internos y, finalmente, el abandono parcial o total de la ciudad.
En general, la sociedad maya era **altamente jerárquica**, y se considera que la élite dominante ejercía una intensa explotación de la mano de obra, así como una fuerte presión religiosa mediante rituales, incluidos los **sacrificios humanos**. Como consecuencia, la **creciente desigualdad social** y el **descontento de la población común** pudieron haber contribuido al colapso del sistema político, dando lugar a **enfrentamientos internos, rebeliones o incluso guerras civiles**.

notables:

① **Teotihuacán** se desarrolló en un **altiplano del valle central**.
② La **península de Yucatán** es una **meseta de roca caliza**.

Es fundamental comprender estas **diferencias geográficas y climáticas**. Por ello, a partir de la experiencia del autor visitando los sitios arqueológicos de la civilización mexicana, se puede inferir que, debido a la **abundancia de cactus** y a la **brevedad de la temporada de lluvias**, el **momento de siembra del maíz** habría sido más crítico que en las zonas selváticas de la civilización maya.

Capítulo IV

Desmontes y Quemas en la región húmeda tropical y sabana en América Latina

1. Introducción

La región central de tierras bajas del trópico de América del Sur, que incluyen la Amazonía (Parte de Colombia, Ecuador, Perú, Bolivia y Brasil), los Llanos de Colombia y Venezuela, el Cerrado del Brasil, Sureste de Paraguay e Istmo de Panamá y otras áreas menore, es en la actualidad una de las mayores extensiones de tierras inexplotadas del mundo y, por consiguiente, una gran reserva potencial para la producción de alimentos.

Privadamente, es muy importante que establezca la producción agropecuaria sustentable en suelos degradados por desmontes y quemas en la región mencionada para el autor. Para recuperar la fertilidad de suelos en la región degradada, es necesario que realice escoger los cultivos adecuados con la aplicación adecuada. Por supuesto, se incluye el cultivo de Maíz debido al origen de México y América Central.

Antes de explicar la condición amazónica en América Tropical, el autor explica Manaos en el estado de Amazonas y la condición de Cerrad en el estado de Mato Gross do Sul en Brasil.

2. Manaos en el Estado de Amazonas en Brasil

1). Concepto básico de Manaos

Manaos es la capital de estado do Amazonas y la ciudad más populosa de Norte de Brasil con 2.2 millones de habitantes. Localizada en el centro de la floresta amazónica, es la ciudad más influente de la amazónica Occidental, región donde ejerce un impacto significativo sobre el comercio, educación, finanzas, industria, investigación, tecnología...etc.

La Figura N°4-2-1-1 muestra a situación de Manaos en Brasil y para la Figura N°4-2-1-2, precipitación al año y la temperatura media en Manaos, respectivamente. Manaos se encuentra en la región tropical húmeda y para la precipitación al año, es de **2,145 mm**. Por otro lado, las temperaturas máxima, media y mínima son de **31.6, 27.4 y 23.3°C**, respectivamente.

As medias climatológicas son valores calculados a partir de una serie de dados de 30 años observados. Ahora tiene el problema de la seca en el río amazónico por cambio climático con el fenómeno de El Niño y/o desmontes y quemas en la región amazónica por la producción agropecuaria no planificada.

El autor visitó acá en el agosto de 1995 con el fin de participar en el turismo amazónico en el río amazónico y observar la condición vegetal en la Finca Experimental de **la Empresa Brasilera de Pesquisa Agropecuária: EMBRAPA**.

Figura N°4-2-1-1. Situación de Manaos en Brasil

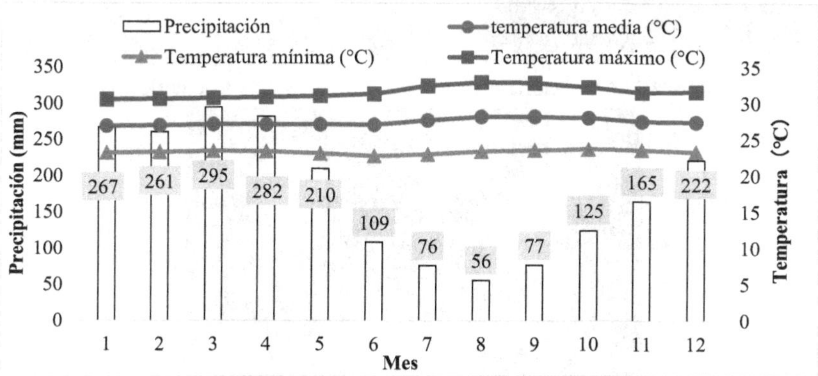

Figura N°4-2-1-2. Precipitación al año en cada mes en Manaos en el Estado de Amazonas (Fuente: https://ja.climate-data.org/location/1882/)

2). Condición vegetal en la región amazónica

Después de terminar el trabajo (Manejo de la fertilidad de suelo ácido **Ultisol** para establecer la producción agrícola) en el IDIAP como Misión JICA (Voluntario joven), el autor visitó acá para observar la condición de suelo ácido **Oxisol** como otro orden en la Taxonomía de suelo en el EUA y la condición vegetal amazónica.

Foto N°4-2-2-1. Puerto de Manaos y Confluencia de los ríos Negro y Solimões, 1995

Foto N°4-2-2-2. Victoria regia (*Victoria amazonica*) y Cocodrilo,1995

Foto N°4-2-2-3. Vegetales naturales en la Región amazônica,1995

Foto N°4-2-2-4. Pesca de Piraña,1995

Foto N°4-2-2-5. Entrada de la EMBRAPA, Manaos,1995

Foto N°4-2-2-6. Guarana (*Paulinia* sp) + Pueraria como planta coberta,1995

Foto N°4-2-2-7. Árbol del caucho (*Hevea brasiliensis*),1995

Foto N°4-2-2-8. Paricá (*Schizolobium amazonicum*) que se pasó a 3 años (Después),1995

Antes de visitar la EMBRAPA, el autor visitó la Confluencia de dos ríos Negro y Solimões, y región amazónica para ver Vitoria-rrgia (*Victoria amazonica*), Cocodrilo, Plantas Amazónicas con Árbol del caucho (*Hevea brasiliensis*), Paricá (*Schizolobium amazonicum*) que un árbol leguminoso y Piraña...etc. (Ver las Fotos N°4-2-2-1 a N°4-2-2-8).

3. Región de Cerrado en el Estado de Mato Gross do Sur en Brasil

1). Precipitación y Temperatura en la Ciudad de Campo Grange

A diferencia de caso de la región amazónica, se encuentra en la región central occidental en el país, y básicamente se clasifica como región de sabana húmeda tropical.

El autor visitó a la Ciudad de Campo Grande que es la capital del Estado de Mato Gross do Sur al trabajar en la JATAK con los miembros japonese, 2004. Al camino de llegar a la misma ciudad, el autor muestra las Fotos representativas de Cerrado. Luego, explica el problema de Cerrado en el **7. En el mismo Capítulo**).

Para la situación del Estado de Mato Gross do Sur, al igual que el caso de Manaos, se muestra en la Figura Nº4-2-1-1. La Figura Nº4-3-1-1 muestra la precipitación al año y la temperatura media en Campo Grande, capital del mismo Estado, la cual se encuentra en la región de sabana húmeda tropical. La precipitación anual es de **1,469 mm**. Por otro lado, las temperaturas máxima, media y mínima son de **28.8, 22.7** y **17.8ºC**, respectivamente.

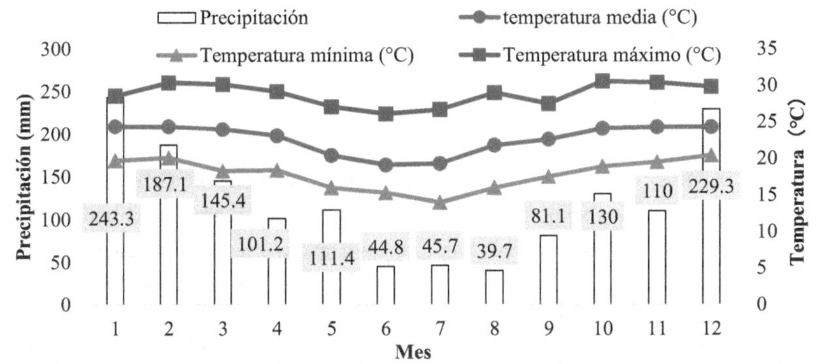

Figura Nº4-3-1-1. Precipitación al año en cada mes en Campo Grande en el Estado de Mato Gross do Sur

(Fuente: https://es.wikipedia.org/wiki/Campo_Grande_(Mato_Grosso_del_Sur))

Foto Nº4-3-2-1. Condición de Cerrado (Parte I), 2004

Foto N°4-3-2-2. Condición de Cerrado (Parte II), 2004

2). Condición de Cerrado

Las Fotos N°4-3-2-1 y N°4-3-2-2 muestran la condición de Cerrado al camino de visitar a la Ciudad de Campo Grande. Actualmente se observa gran llanos con arbustos y se realiza ganado convencional. Por supuesto, los ganados criados prefieren quedar bajo condición arbustos para prevenir alta radiación de sol, y se pareció un sistema silvopastoril. Para la Foto N°4-3-2-3, Muy Gran Cerrado con vegetación múltiple.

Foto N°4-3-2-3. Condición de Cerrado (Parte III), 2004

Por otro lado, el autor pudo tomar la Foto sobre la condición de suelo en el carro que corre. Visualmente, se observa color muy rojo para el suelo y se considera suelo ácido Oxisol (ver la Foto N°4-3-2-4). Normalmente, se observa alto contenido de H+Al intercambiable y bajo valor de pH en el suelo y está difícil de realizar la producción agrícola. Por eso, es necesario que realice enmienda del suelo.

Foto N°4-3-2-4. Suelo de Cerrado, 2004

3). Visito de la EMBRAPA de Cerrado

Los miembros de la JATAK y autor visitaron a la Ciudad de Campo Grande con el fin de observar la Finca experimental de la EMBRAPA de Cerrado, y especialmente, observaron el experimento sobre la producción pecuaria (ver la Foto N°4-3-3-1). En este libro, no se incluye los resultados de la producción pecuaria. Actualmente, se puede adaptar en la región donde está lejos del mercado.

Foto N°4-3-3-1. Finca Experimental de la EMBRAPA de Cerrado, 2004

4). Región cerca de la EMBRAPA de Cerrado

Adicionalmente, la Foto N°4-3-4-1 muestra la región cerca de la EMBRAPA y por buena suerte, se pudo buscar un **Oso hormiguero**. Será muy importante que prevenga cortar hojas por hormigas para los cultivos y/o pastos.

Foto N°4-3-4-1. Región cerca de la EMBRAPA de Cerrado, 2004

Foto N°4-3-4-2. Otra región con varios tipos de arbustos, 2004

Para la Foto N°4-3-4-2, Otra región con varios tipos de arbustos. Actualmente, el autor buscó un arbusto leguminoso y se puede esperar mejoramiento químico de suelo ácido, aprovechándose cultivos en callejones en el cultivo de maíz y otros cereales en la región donde está cerca del mercado.

4. Necesario que considere la historia sobre colapso de la Civilización antigua

Para este libro, finalmente, el autor explica los resultados escogidos sobre **Manejo de la fertilidad de suelos cultivados con maíz** en los países tales como **Colombia, Panamá, Brasil, Paraguay** y **Ecuador** con el fin de establecer la producción agrícola sustentable con bajos insumos en los **Capítulos V y VI**.

Históricamente, es necesario que consideremos la colapso la civilización antigua en México y en Guatemala, y se han avanzado desmontes y quemas en la región amazónica y de Cerrado en Brasil para explotar la producción agropecuaria con aumento de la población mundial. Se manifestó que observaron cambio climático, agotamiento de agua debido a lluvia y/o irrigada y la degradación de suelos agropecuarios...etc. por desmontes y quemas a aumento de población por la prosperidad de la civilización. Del resultado, fue abandonado para la civilización puesto que no se pudo establecer la producción sustentable con la guerra entre algunos grupos.

Para desmontes y quemas para explotar la producción agropecuaria, todavía se ha avanzado. A continuación, el autor explica ejemplo de **Panamá**, de **Paraguay**, de **Brasil (Amazon y Cerrado)**, de **Colombia** y de **Ecuador**.

5. No se puede ignorar la expansión de la agricultura y la ganadería debido a la deforestación no planificada en Panamá

Además del fenómeno de **El Niño**, algunos investigadores sostienen que la causa es la expansión agropecuaria debido a la deforestación no planificada, incluso alrededor del lago Gatún y el lago Alajuela (menores precipitaciones debido a cambios en el microclima).

Esta situación no sólo provoca una disminución de las precipitaciones sino también el descenso de la capacidad de retención de agua de las montañas por la deforestación. Del resultado, se avanza la erosión hídrica de suelo y se provoca la contaminación del lago por suelo erosionado. Además, está fácil de acumularse para el suelo en el fondo del Canal.

El informe Diagnóstico de Bosques y Otras Tierras Boscosas (2023) destaca la urgencia de proteger los recursos forestales del país. La deforestación avanza a nivel nacional, con especial intensidad en las provincias de **Veraguas**, de **Darién** y de **Coclé**.

El tercer Diagnóstico de Bosques y Otras Tierras Boscosas (2023), del Ministerio de Ambiente (Miambiente), revela una alarmante crisis ambiental en Panamá, con la pérdida de 352,873 hectáreas de bosques y otras tierras boscosas en solo dos años.

El informe destaca la urgencia de proteger los recursos forestales del país, ya que la deforestación avanza a nivel nacional, con especial intensidad en las provincias de Veraguas, de Darién y de Coclé.

Rodney Samaniego, **jefe del departamento de Teledetección de Miambiente,** explicó que la deforestación, el cambio climático y la expansión urbana han afectado gravemente los bosques, especialmente en **Veraguas (37.6 % de pérdida boscosa), Darién (15.9 %)** y **Coclé (18 %)**.

Aunque el 67.15% del territorio panameño sigue cubierto por bosques y rastrojos, la pérdida de 352,873 hectáreas durante este periodo representa una reducción del **4 %** en todo el país (ver la Figura N°4-5-1-1).

Figura N°4-5-1-1. Estado quedado de región boscosa en el Panamá, 2023 (Proporción quedada: 67.15% del territorio nacional)

(Fuente: Ministerio de Ambiente de Panamá)

Samaniego también mencionó que, hasta 2023, Panamá contaba con aproximadamente **325,666.78 hectáreas de rastrojos** y **4,737,067 hectáreas de bosques**.

6. No se puede ignorar la expansión de la agricultura y la ganadería debido a la deforestación no planificada en Paraguay

Por otra parte, la Figura N°4-6-1-1 muestra reforestación en Paraguay en los años 1945 y 1997, respectivamente. En el año 1997 se mostró que la cobertura boscosa fue de 16 %, mientras que para el año 1945 el 55 %. Al igual que el caso de Panamá, se realizó mucha deforestación para extender la producción agropecuaria en Paraguay con el tiempo.

Por eso, será necesario pensar una forestación con árboles adecuados con manejo de la fertilidad del suelo para recuperar y/o rehabilitar el ambiente deforestado. Además, es un importante sobre sistema silvopastoril (pastos combinados con árboles útiles)[*2] para establecer la producción sostenible de ganado criado.

[*2]El autor realizó un sistema silvopastoril, usando el árbol leguminoso Mangium (*Acacia mangium*) combinado con el pasto gramíneo Humidicola (*Brachiaria humidicola*) en un suelo Ultisol, Panamá con el Dr. José Villarreal y otros compañeros panameños. Cuidadosamente, podemos conseguir la semilla del mismo árbol en el Paraguay. Los dos trabajos fueron publicados en la Revista Rural en el mismo país.

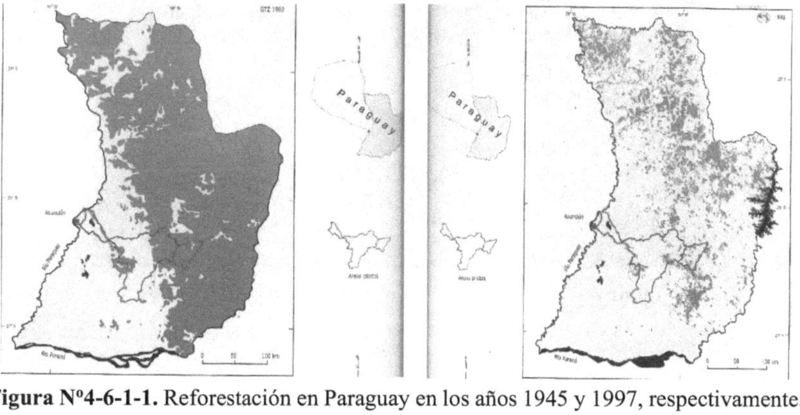

Figura N°4-6-1-1. Reforestación en Paraguay en los años 1945 y 1997, respectivamente. (Fuente: Carloni, A et al., 2001)

7. Desmontes y quemas en la región amazónica, Brasil

1). Concepto básico de la Amazonia

La **Amazonia**, también denominada **Amazonía**,[1] es una vasta región de la parte central y septentrional de América del Sur que comprende la selva tropical de la cuenca del Amazonas. La adyacente región de las Guayanas también posee selvas tropicales, por lo que muchas veces se le considera parte de la Amazonia (ver la Figura N°4-7-1-1.)

Esta selva amazónica es el bosque tropical más extenso del mundo. Se considera que su extensión llega a los 6 millones de km^2 repartidos entre ocho países, de los cuales Brasil y Perú poseen la mayor extensión de la Amazonia, seguidos por Bolivia, Colombia, Ecuador, Guyana, Venezuela y Surinam. La Amazonia se destaca por ser una de las ecorregiones con mayor biodiversidad en el mundo.

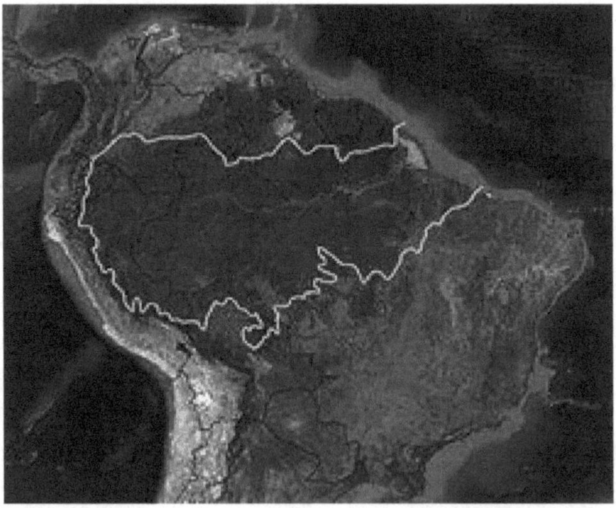

Figura N°4-7-1-1. Región amazónica de América Latina.
(Fuente: http://es.wikipedia.org/wiki/Amazonia)

El 11 de noviembre de 2011 la selva amazónica fue declarada como una de las siete maravillas naturales del mundo.

2). Desmontes y quemas en la región amazónica

Se avisó que aumentaba 34 % de desmontes y quemas en el año 1996 en comparación con el caso en el 1992. (Ver la Figura N°4-7-2-1).

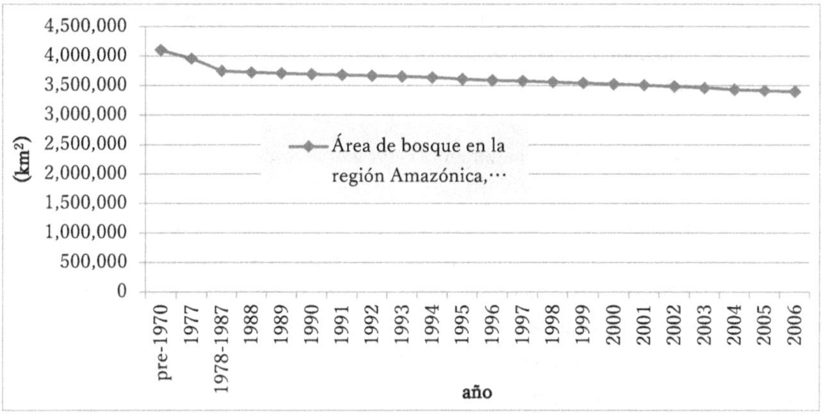

Figura N°4-7-2-1. Dinámica de área de bosque en la región amazónica.

(Fuente: http://es.wikipedia.org/wiki/Amazonia)

Se lo realizó en el área (22,392km^2 al año) durante los 5 años del 2000 al 2005, aumentó más de 18 % en comparación con el caso anterior durante los 5 años (19,018km^2).

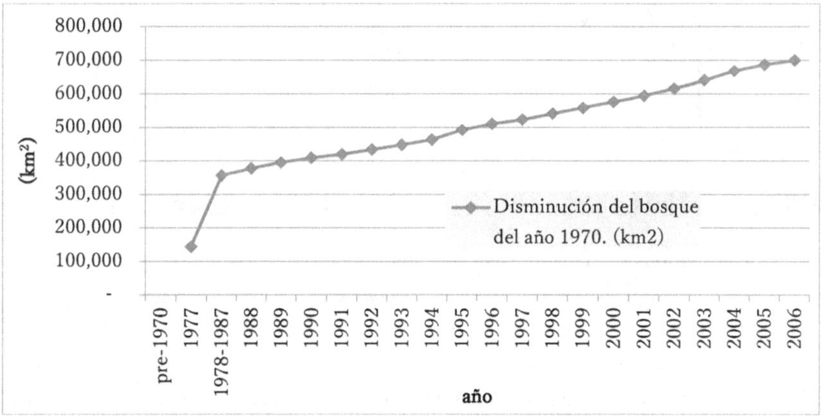

Figura N°4-7-2-2. Dinámica de disminución del bosque del año 1970 en la región amazónica.

(Fuente: http://es.wikipedia.org/wiki/Amazonia)

Para Brasil, se investigó el desmonte por el Instituto Nacional de Pesquisa Espaciais (INPE, or National Institute of Space Research). Pero no se incluyen llanos naturales y/o deterioro de bosque durante la estación lluviosa para la investigación. Según el INPE, fue de 4,100,000 km^2 para bosque tropical en la región amazónica, pero disminuyó al 3,403,000 km^2 en el año 2005. Por fin se perdió 17.1 % del bosque (Ver la Figura N°4-7-2-2).

3). Dinámica del desmonte y quema en la región amazónica

La Figura N°4-7-3-1 muestra la dinámica de la deforestación y la quema en la región amazónica entre 1970 y 2019. En 1970, la cobertura forestal era del 100 %, pero se redujo al 82.7 % en 2019. Desde un punto de vista global de la Amazonía brasileña, todavía permanece aproximadamente el 82 % de los bosques en la región. Sin embargo, hasta la fecha se ha perdido alrededor del 18 % de la cobertura forestal, lo que equivale a **718,927 km²** de bosques desaparecidos.

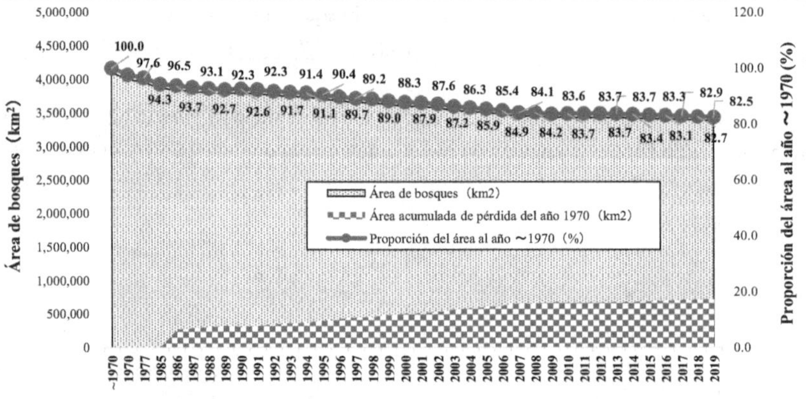

Figura N°4-7-3-1. Dinámica de desmontes y quemas en la región amazónica (Fuente: アマゾン熱帯雨林 - Wikipedia)

El área de color marrón en la misma figura representa el área acumulada hasta 2019, correspondiente a la suma de las áreas deforestadas. Es importante comprender que la recuperación de los bosques en esta región resulta extremadamente difícil.

8. Desmontes y quemas en la región de Cerrado, Brasil

1). Introducción

A diferencia del caso de región amazónica, para Cerrado, es clima de sabana húmeda tropical con la estación lluviosa y seca en el año. Se ocupa suelo ácido tal como Oxisol y/o Ultisol, tiene el poder potencial para aumentar la producción de cultivos por mejoramiento adecuado de la propiedad química del suelo ácido. Actualmente, se realiza la expansión agropecuaria no planificada por desmontes y quemas de arbustos en la misma región, y es necesario que realice manejo integral de la fertilidad del suelo para establecer la producción agropecuaria sustentable con bajos insumos.

2). Clasificación de cinco clases fisionómicas en el Cerrado, Brasil

En el **Cerrado de Brasil** se han reconocido cinco clases fisionómicas:

1. **Campo Limpo: (campo limpio)** cubierta continua de pastos sin vegetación arbórea; sabana sin árboles.

2. **Campo Sujo: (campo sucio)** cubierta continua de pastos continuos, con arbustos pequeños ampliamente dispersos.

3. **Campo Cerrado:** cubierta continua de pastos bajo una cubierta arbórea discontinua y lo suficiente dispersa como para transitar en vehículo por la sabana.

4. **Cerrado:** sabana constituida por dos cubiertas vegetales por la cual es imposible transitar en vehículo.

5. **Cerradão:** cubierta dominante y casi cerrada de árboles altos de la misma especie bajo la cual existe una cubierta discontinua de pastos.

Estas clases fisonómicas están relacionadas con los parámetros de fertilidad de la capa superior del suelo en área bien drenada (López y Cox, 1970b). las sabanas sin árboles también se presentan en suelos superficiales y en áreas pobremente drenadas, aunque con una composición de especies diferentes en este último caso, **Extensas áreas de los Llanos Orientales de Colombia pertenecen al tipo campo limpo.**

3). Desmontes y movimiento de árboles en campo cerrado, cerrado y cerradão

Los desmontes y las técnicas de establecimiento de cultivos están relacionadas con los tipos fisionómicos descritos anteriormente. Duque et al. (1980) describieron diferentes técnicas de desmonte en el Cerrado de Brasil para áreas destinadas a la producción de cultivos o pastos mejorados.

Para las de campo limpo y campo sujo, la técnica tradicional incluye la quema de la sabana nativa, la remoción manual de los arbustos existentes y el arado del terreno.

Para las de campo cerrado, cerrado y cerradão, el procedimiento usual consiste en tumbar la vegetación arbórea con dos bulldozers que tiran una cadena pesada de 25m de longitud (ver la Figura N°4-8-3-1). Luego, una tercera máquina amontona los residuos maderables en hileras a lo largo del contrario, lo cual proporciona alguna protección contra la erosión. Parte de este material se remueve gradualmente para la producción de carbón de leña. Las zonas entre las hileras se queman para eliminar la cubierta de pasto.

Figura N°4-8-3-1. Desmontes y movimiento de árboles y/o arbusto con dos bulldozers (Fuente: Berlijn, 1982).

9. Desmontes y quemas en la región amazónica en Colombia y en Ecuador

1). Colombia

En **Colombia**, la deforestación está relacionada principalmente con la expansión de la ganadería, la ocupación ilegal de tierras, la construcción de carreteras no autorizadas y, en algunas zonas, con cultivos ilícitos. Estos procesos se intensificaron tras el conflicto armado, cuando amplias áreas quedaron sin control efectivo del Estado.

Especialmente, se realizan desmontes y quemas para el cultivo de coca, no sólo en la región de los Llanos sino también en la región amazónica.

2). Ecuador

En **Ecuador**, la deforestación se debe sobre todo a la expansión agrícola y ganadera, la tala (legal e ilegal), las plantaciones comerciales (Por ejemplo: **Palma africana**) y las actividades extractivas como el petróleo y la minería. Aunque el país ha desarrollado políticas de conservación, la presión sobre los bosques continúa, especialmente en la Amazonía y en el Chocó ecuatoriano.

3). Muy importante que recupere suelos cortados bosques tropicales

En ambos países, la deforestación afecta gravemente la biodiversidad, los suelos y los ciclos hidrológicos, y representa un desafío central para el desarrollo sostenible al igual que el caso anterior de Panamá, Paraguay y Brasil. Por fin es muy común en los países de América Latina.

Además del aprovechamiento de Llanos en Colombia, Sabana en Panamá y Cerrado en Brasil…etc., es muy importante que recupere la propiedad física y química de suelos cortados bosques tropicales en la región amazónica para establecer la producción agropecuaria y forestal con un **sistema agroforestal y/o silvopastoril**.

10. Pretérito perfecto para desmontes y quemas

Actualmente, se han avanzado desmonten y queman para explotar la producción agropecuaria convencional por Granjas (En portugués, Fazendas) y/o campesinos. Es Pretérito perfecto y se ha continuado hasta la época de **colapso de la civilización antigua** tal como **México** y/o **Maya**. El autor lo quiere repetir.

Por el comportamiento, se avanza la sequía, teniendo en cuenta cambio climático y empeoramiento de suelos cultivados con cultivos y/o hortalizas. Por eso, no se puede establecer la producción agrícola sustentable después de desmontes y quemas. Promediamente, se puede mantener para la producción durante 2 o 3 años.

La deforestación en la Amazonía contribuye al cambio climático, tanto por el aumento del dióxido de carbono (CO_2) y el efecto invernadero como por la intensificación de fenómenos como El Niño. Para esto, es también pretérito perfecto.

La historia lo manifestó, y es muy importante que establezca la producción agropecuaria sustentable por manejo integral de la fertilidad de suelos con ahorro de agua irrigada y prevenir desmontes y quemas no planificados.

En este libro, el autor escogió el cultivo de **maíz** como cereal básico y múltiple con **Manejo integral de la fertilidad de los suelos en los países de América Latina tales como Colombia, Panamá, Brasil, Paraguay y Ecuador**.

Capítulo V

Mapa de la Situación donde se realizaron los Experimentos en el campo en los países de América Latina

1. Introducción

En este Capítulo, el autor explica las situaciones donde se realizaron los experimentos cultivados con **maíz que es un cultivo original en México y en América central** en el campo en Colombia, Panamá, Brasil, Paraguay y Ecuador (ver la Figura N°5-1-1-1). Es en la actualidad una de las mayores extensiones de tierras inexplotadas del mundo y, por consiguiente, una gran reserva potencial para la producción de alimentos. Antes de explicar las situaciones, el autor explica los órdenes de suelo por la clasificación inclusiva (Taxonomía del suelo) por el Estados de Unidos de América (EUA).

Figura N°5-1-1-1. Situación de los países en América central y de sur.

2. Los 11 órdenes

1). Distribución de los órdenes en los países tropicales

La Tabla N°5-2-1-1 muestra la distribución de los órdenes en los países tropicales. Actualmente, se encuentra alta donación de suelos Oxisoles y Ultisoles y se domina alrededor de **55.1 %** [(502+329) / 1493 por 100] en América Tropical. Además, para África tropical y Asia Tropical, fueron de **39.5 %** y **37.2 %**, respectivamente. Por fin, se observa alta donación de suelos ácidos en la región tropical, relativamente.

Por otro lado, el autor pudo realizar los experimentos sobre manejo de la fertilidad de suelo cultivado con maíz no sólo en suelo ácido tal como Ultisol y Oxisol sino también otros órdenes tales como Entisol y Vertisol. De los resultados calculados, fueron de 8.3 % en América Tropical, 24.7 % en África tropical y 9.3 % en Asia tropical, mientras que para Vertisol, fueron de 1.3 % en América Tropical, 4.0 % en África Tropical y 8.1 % en Asia Tropical, respectivamente. Fue muy interesante que se observa alta donación para Entisol, siguiendo Oxisol en África Tropical.

Tabla N°5-2-1-1. Distribución generalizada del área de suelos en los trópicos en base a datos tabulados de FAO/Unesco (1971-1979) con modificaciones indicadas.

Órdenes	América Tropical[1]	África Tropical[2]	Asia Tropical[3]	Australia Tropical[4]	Total	**% de los Trópicos**
	millions ha					
Oxisoles	502	316	15	0	833	**23**
Ultisoles	320	135	286	8	749	**20**
Entisoles	124	282	75	93	574	**16**
Alfisoles	183	198	123	55	559	**15**
Inceptisoles	204	156	169	3	532	**14**
Vertisoles	20	46	66	31	163	**4**
Aridisoles	30	1	23	33	87	**2**
Mollisoles	65	0	9	0	74	**2**
Andisoles	31	1	11	0	43	**1**
Histosoles	4	5	27	0	36	**1**
Spodosoles	10	3	6	1	20	**1**
Total	**1493**	**1143**	**810**	**224**	**3670**	**100**

Nota: 1. De23°N-23°S, actualizado por Sánchez, P. A.

2. Áreas con más de 150 días de época lluviosa. Fuente: (Dudal, 1980).
3. Incluye regiones templadas de la India, Bangladesyu e Indonesia más Papua Nueva Guinea.
4. Norte del trópico de Capricornio. Fuente: Sánchez and Isabell (1979).

(Fuente: Sánchez y Salinas, 1983)

Finalmente, fue de 64.7 % en América Tropical, 68.2 % en África Tropical y 54.6 % en Asia Tropical para sumatoria de los cuatro órdenes. **De todos modos, para este libro sobre manejo de la fertilidad del suelo cultivado con maíz, se podrá aprovechar y/o aplicar a otros países tropicales además de Colombia, Panamá, Brasil, Paraguay y Ecuador donde el autor ha trabajado.**

2). Entisoles

Son suelos jóvenes sin horizontes bien desarrollados, de alta fertilidad.

3). Inceptisoles

Son suelos relativamente jóvenes, pero con un horizonte bien desarrollado de alta fertilidad.

4). Alfisoles

Son suelos relativamente viejos y de color rojo. Generalmente tienen un horizonte con acumulación de arcilla.

5). Ultisoles

Son suelos fuertemente meteorizados, viejos, de color rojo, de baja fertilidad, típicos del trópico. En Panamá y Paraguay existen.

6). Andisoles

Son suelos volcánicos, generalmente desarrollados a partir de cenizas volcánicas y con alta fijación de fósforo.

7). Mollisoles

Son suelos negros con mucha materia orgánica, muy fértiles. En Costa Rica se encuentran Valle del Tempisque, La Guácima y San Vito. Para Panamá, Chichebre y Tocúmen. Son considerados los mejores del mundo; se encuentran principalmente en Europa.

8). Histosoles

Son suelos orgánicos. se forman porque la materia orgánica por algún motivo no se descompone y se acumula.

9). Vertisoles

Son suelos muy arcillosos que al mojarse se hinchan y al secarse se contraen formando grietas grandes; por esta razón no son aptos para construcción. Son fértiles.

10). Aridisoles

Son suelos comunes de las zonas desérticas. En Costa Rica ni Panamá no existen.

11). Oxisoles

Son suelos con alta concentración de óxido de hierro y/o aluminio hidratado, de baja fertilidad. Son comunes en Brasil, representativos del trópico. Además, en Colombia se encuentran en Llanos Orientales de Colombia y de Venezuela con Ultisoles.

12). Spodosoles

Se encuentran muy rara vez en los trópicos, son comunes en climas fríos y húmedos, bajo bosque de coníferas, y son suelos de baja fertilidad.

3. Marco ambiental del trópico

1). Temperatura

En el trópico (el caso de Costa Rica y Panamá), la variación de la temperatura media mensual es de 5 °C o menos (la diferencia entre la media de los tres meses más calientes (enero, febrero y marzo) y los tres meses con más frío (octubre, noviembre y diciembre) es lo que de 5 °C.

Las temperaturas medias anuales generalmente bajan 0.6°C por cada 100 metros de aumento en la altitud en los trópicos. Si por ejemplo, ejemplo, a nivel del mar la temperatura media anual es de 26°C, a 1000 m.s.n.m (metros sobre nivel del mar)., será de 20°C y a 2000 m.s.n.m., es de 14°C.

Para clasificar la temperatura del suelo, se utilizan las categorías del sistema de taxonomía de suelos, en el cual el suelo de los trópicos se ubica en la categoría de "Isotemperatura", que quiere decir que la diferencia entre la temperatura media del verano y la temperatura media del invierno a 50cm de profundidad no es mayor de 5 °C.

Tabla N°5-3-1-1. Régimen de temperatura en el trópico (ambiental).

Régimen de temperatura	Temperatura media anual (°C)	Altitud m.s.n.m.
Isohipertérmico	>22	0-600
Isopertérmico	15-22	600-1800
Isomésico	8-15.	1800-3000
Isofrígido	<8	>3000

(Fuente: Jiménez, 2007.)

En los trópicos, la temperatura media anual del aire es similar a la temperatura media anual del suelo. La temperatura del suelo y del aire en el trópico son constantes, sus variaciones no son mayor de 5°C. En el siguiente cuadro se pueden apreciar los regímenes de temperatura en el trópico. El régimen de temperatura se estima con base en la temperatura manual y los datos de altitud del suelo a que pertenece (ver la Tabla N°5-3-1-1).

2). Precipitación

Es lo que caracteriza a las zonas tropicales (época de lluvia), y por lo general el trópico húmedo es el que recibe más de 1300 mm de lluvia al año, aunque su distribución no sea siempre uniforme; sin embargo, la precipitación pluvial varía en el trópico de cero a 10000 mm.

El 28 % del área de los trópicos no presenta limitaciones de lluvia durante todo el año y el 42 % del trópico presenta limitaciones en el crecimiento de los cultivos durante cuatro a seis meses por falta de lluvia y el 30 % restante presenta de ocho a doce meses limitación de agua. También se debe considerar que tres cuartas partes de las tierras tropicales arables son limitadas por falta de agua y las zonas cuanto más cercanas del Ecuador, (dentro de los 5°) son más lluviosas. La precipitación caracteriza el clima y entra en una interrelación con el suelo. En el trópico, se reconocen cinco patrones principales que identifican una **clasificación climática**:

2)-1. Climas lluviosos (údicos)

Ocupan aproximadamente una cuarta de los trópicos y se encuentran en las vecindades del Ecuador Amazonas, Cuenca del Congo (África), Indonesia, Malasia y parte de las Filipinas, la costa atlántica de América Central, la costa el Pacífico de Colombia y muchas islas del Pacífico. Los cultivos principales son arroz, yuca, ñame. cacao, banano, hule, coco y otros.

2)-2. Climas estacionales (ústicos)

Cubre casi la mitad del área tropical, están representados por Cerrado en Brasil, Los Llanos de Colombia y Venezuela, Pacífico de América Central, México, Cuba y el norte de Australia.

La estación lluviosa y seca están bien definidas. La estación seca se caracteriza por temperatura y radiación solar alta y en la estación húmeda, la temperatura y la radiación solar son más bajas. En esta región, se encuentra la mayor parte de los cultivos tropicales.

2)-3. Climas secos (arídicos)

Comprenden territorios como Sahel en África Ecuatorial, desierto de Kalahari al sur de África, gran parte de Australia, parte de India central, noroeste de Brasil, norte de Venezuela y norte de México. La estación lluviosa es corta, con alta precipitación que permite una cosecha de maíz, sorgo o arroz al año.

2)-4. Desiertos tropicales

Las lluvias en estas regiones tienen una duración de dos meses o manos al año. Entre estos desiertos se encuentran el Sahara, Arabia, Somalia y el de Australia; costa del Pacífico Perú, norte de Chile y el sureste de África. la mayoría de estos desiertos tienen suelos muy productivos bajo irrigación. Los cultivos de estas regiones son algodón, caña de azúcar y arroz, principalmente. En Costa Rica ni Panamá no existen un clima con este régimen de humedad.

2)-5. Montañas tropicales

Corresponden a tierras altas tropicales, a más de 900 m.s.n.m., con temperaturas bajas, pero constantes. Abracan el 23 % del área tropical. En este grupo podemos citar las zonas altas de México, Guatemala, Costa Rica, Colombia, Ecuador, Perú, Bolivia, Kenya, Etiopía, y también algunas áreas montañosas son desérticas, por ejemplo: cordillera de los Andes en Ecuador y Perú, y al norte de Chile.

De acuerdo con el sistema de taxonomía de suelo de EE.UU., se identifican con los siguientes cuatro regímenes de humedad del suelo en el trópico:

2)-6. Régimen de la humedad

a) Údico: el suelo permanece seco por menos de 90 días acumulativos durante el año.

b) Ústico: suelo seco por más de 90 días, pero menos de 180 días o 90 días consecutivos durante el año.

c) Arídico: suelo seco por más de 180 días acumulativos.

d) Áquico: suelo saturado con agua con problema de reducción del suelo. Por ejemplo, los manglares.

4. Llanos Orientales de Colombia

1). Concepto

La extensa región que corresponde los Llanos Orientales de Colombia y de Venezuela tiene, en conjunto, unos 25 millones de hectáreas de tierras bien drenadas cubiertas por vegetación de sabana natural. En los Llanos de Colombia se encuentra la altillanura plana, con unos 3.5 millones de hectáreas, y al sur de ésta la serranía o sabana ondulada, con 6.5 millones de hectáreas; en Venezuela, las sabanas bien drenadas ocupan alrededor de 15 millones de hectáreas, que comprenden tanto sabana plana como serranía (ver la Figura N°5-4-1-1).

La externa acidez e infertilidad de los suelos de estas sabanas clasificados como **Oxisoles** y/o **Ultisoles**, constituye la principal barrera para el desarrollo agrícola de estas áreas, donde la actividad económica predominante es la ganadería extensiva basada en los pastos naturales. Especialmente, se la realiza en **la región donde está leja al mercado**, normalmente.

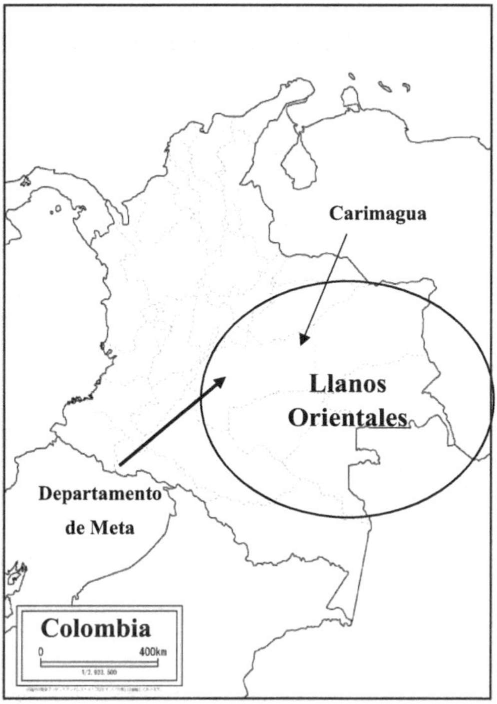

Figura N°5-4-1-1. Área de Llanos Orientales y la Situación de Carimagua en el Departamento de Meta en Colombia.

La baja calidad nutritiva de las especies de la sabana y la falta de disponibilidad de forraje durante varios meses del año constituyen el principal factor que limita la productividad de hatos, que se refleja en lentas tasas de crecimiento y en un pobre comportamiento reproductivo del ganado en la región mencionada.

Por otro lado, Se puede realizar el cultivo de maíz y otros cereales en la región donde está cerca del mercado con manejo de la fertilidad de suelos ácidos por **la aplicación adecuada de la cal agrícola y fosfato...etc**.

2). Clima

La Figura N°5-4-2-1 muestra la precipitación al año en cada mes en Carimagua en Llanos Orientales de Colombia. Es conocido la distinción de estación lluviosa y seca en la región y especialmente, se observa más alta precipitación en junio. Totalmente, se observa 2131mm al año y se puede aprovechar el cultivo de maíz en la misma región.

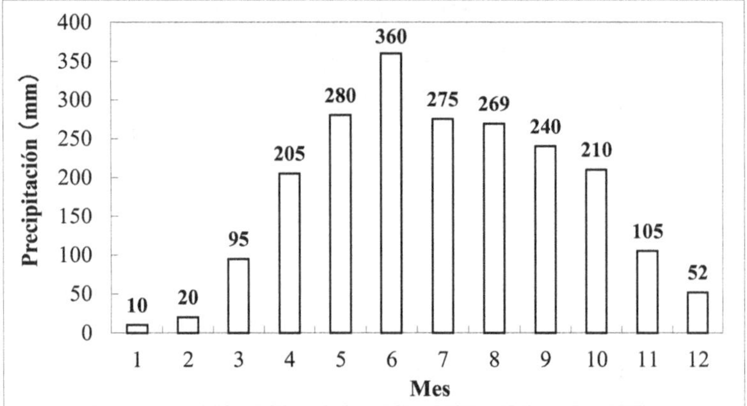

Figura N°5-4-2-1. Precipitación al año en cada mes en Carimagua en Llanos Orientales de Colombia.

(Fuente: CIAT[6], 1983)

5. Sabana de Panamá

1). Clasificación del suelo en la Finca Experimental de Calabacito

En Panamá se registró 70 % como **Ultisol** con muy ácido, y en la Finca Experimental de Calabacito en la Provincia de Veraguas (ver la Figura N°5-5-1-1) en el IDIAP (Instituto de Investigación Agropecuaria de Panamá), se clasifica dentro de la familia fina, mezclada, isohipertérmico, typic Plintudult. Se forma a partir de material sedimentario compuesto de todas y aglomerados del mioceno. El pedón posee un epipedón ócrico sobre horizonte argílico, saturación de bases extremadamente baja e in horizonte con plintita bien desarrollado. Para el grande grupo, se asignó como el plintudult al pedón y para el subgrupo typic plintudult (Acá, no se explica la clasificación detallada para suborden y gran grupo en la Taxonomía de suelos).

Sobre la característica física del suelo, se observó muy alto contenido de arcilla, pero, para retención de humedad, se muestra inferior. Como la característica mineralógica,

[6] CIAT: Centro Internacional de Agricultura Tropical.

se observó alto contenido de la caolinita y pequeña cantidad de goetita, gibsita y vermiculita.

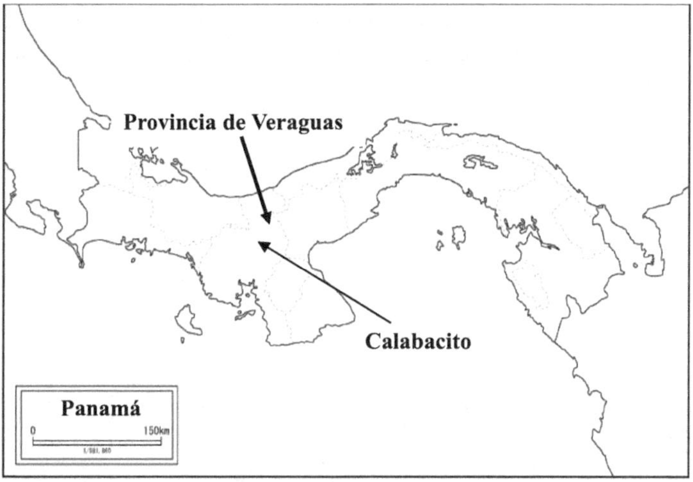

Figura N°5-5-1-1. Situación de la Provincia de Veraguas y Finca Experimental de Calabacito en Panamá.

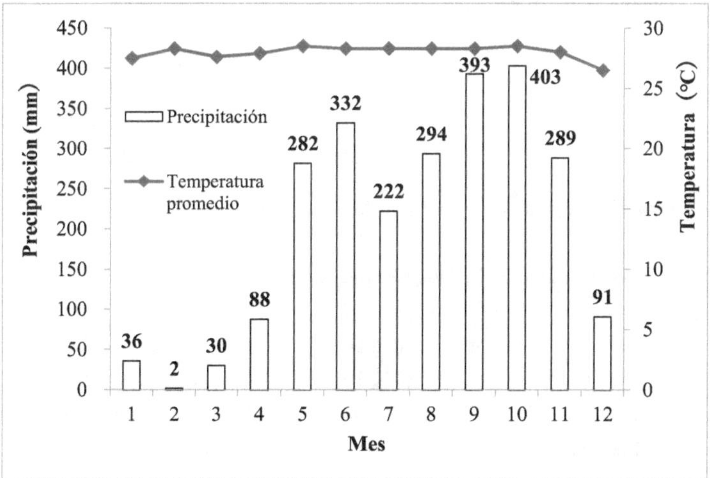

Figura N°5-5-2-1. Precipitación y temperatura en cada mes en la Finca Experimental de Calabacito, Veraguas, Panamá.

(Fuente: Valor promedio del 1990-2000, IDIAP)

2). **Clima en la Finca Experimental**

El clima del sitio se caracteriza por ser tropical húmedo, con promedio de **2,461 mm** de precipitación al año, con una temperatura promedio que oscila entre 20 y 35°C (ver la Figura N°5-5-2-1).

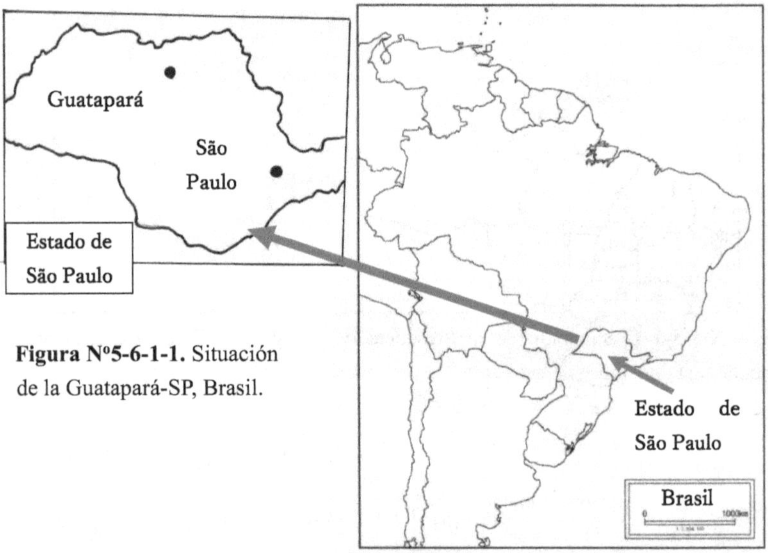

Figura N°5-6-1-1. Situación de la Guatapará-SP, Brasil.

6. **Guatapará en el Estado de São Paulo (SP) en Brasil**

1). **Clasificación del suelo en la Finca Experimental del IPTDA**

En Guatapará se sitúa en la colina con 60 % de gran forma ondulada y cerca de río de Mojiguaçu. para el m.s.m.n. es de 500 al 560 m (ver la Figura N°5-6-1-1). sobre la geología, es suelo meteorizado a partir de diorita y arenisca, se clasifica como **Oxisol** en la tierra alta, mientras que, para la tierra baja, se clasifica como turba muy ácida con pH4 (parcialmente, se, se registra suelo arenoso blanco).

Entonces, el autor se pudo dedicar manejo de la Fertilidad del suelo Oxisol en la Finca experimental del IPTDA (Instituto de Pesquisa Técnicas e Difusão Agropecuária) da JATAK.

2). Clima

Para la temperatura promedio, es de 22°C (para el máximo, 37°C y para el mínimo, 1.5°C), para la precipitación al año, es de **1,691 mm** y para la estación lluviosa, es del octubre al marzo, mientras que, para la estación seca, del abril al septiembre, respectivamente (ver la Figura N°5-6-2-1).

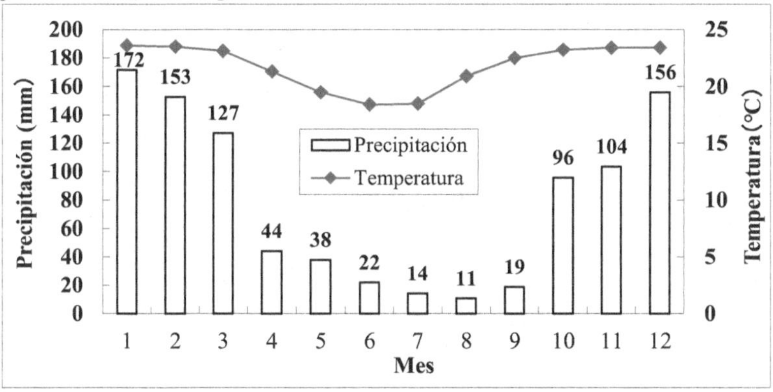

Figura N°5-6-2-1. Precipitación y temperatura en cada mes en la Guatapará-SP, Brasil (Fuente: JANIC, 1970)

7. Dos situaciones en Paraguay

1). Pilar, Ñeembucú

El estudio fue instalado en el predio de la Facultad de Ciencias Agropecuarias y Desarrollo Rural en la Universidad Nacional de Pilar en la Ciudad de Pilar en el Departamento de Ñeembucú (ver la Figura N°5-7-1-1). Se clasifica como **Entisol** con bajo contenido de arcilla en el suelo.

La Figura N°5-7-1-2 muestra la precipitación y temperatura dentro del cultivo de maíz en la Ciudad de Pilar, 2011. En el mes de setiembre se observa un promedio de temperatura máxima de 36.5°C, mínima de 4.7°C y una temperatura media mensual de 21.4°C; y, tal como se observa en el grafico no se registró precipitación en ese mes lo cual obligo al riego del cultivo. El mes de octubre registro un promedio de temperatura máxima de 36.9°C y una mínima de 10.9°C, con una temperatura media de 23°C. Con respecto a la precipitación, en el mes de octubre se registró un total de 253.7 mm de precipitación lo que favoreció el buen desarrollo vegetativo del cultivo de maíz.

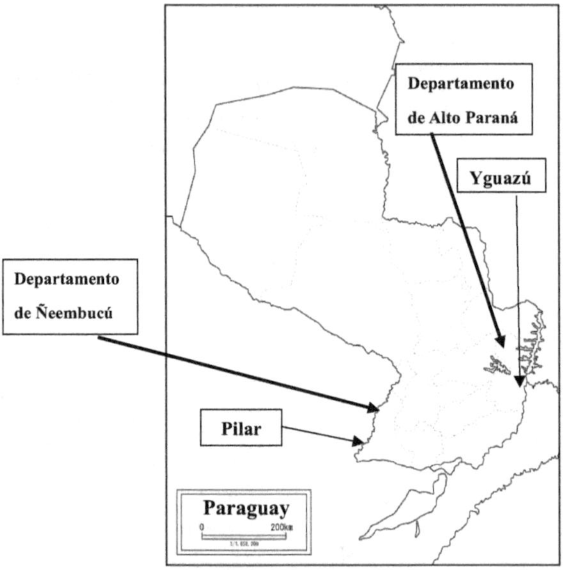

Figura N°5-7-1-1. Situaciones de Pilar en el Departamento de Ñeembucú e Yguazú en el Departamento de Alto Paraná en el Paraguay.

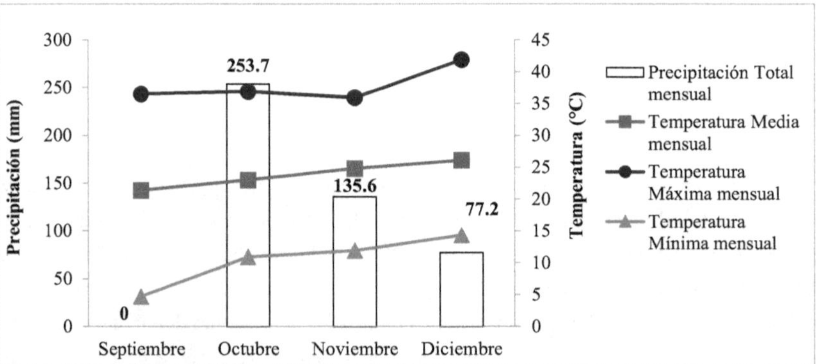

Figura N°5-7-1-2. Precipitación y temperatura en cada mes dentro del experimento realizado (septiembre hasta diciembre del año 2011).

(Fuente: http://www.tutiempo.net/clima/PILAR/2011/862550.htm)

En el mes de noviembre se verifica un promedio de temperatura máxima de 35.9°C, temperatura mínima de 11,9°C con temperatura media de 24.8°C; en este mes la cantidad de lluvia caída fue de 135,6 mm cuyas condiciones favorecen el desarrollo del cultivo. En el mes de diciembre se tuvo temperatura media de 26.1°C; temperatura máxima de 41.9°C y temperatura mínima 14.3°C cuya temperatura favoreció bastante la maduración del maíz; en lo que respecta a la cantidad de lluvia caída en todo el mes se registró un total de 77.2 mm.

2). Yguazú, Alto Paraná

Otro estudio fue instalado en el predio de la Fundación Nikkei-Centro Tecnológico Agropecuario del Paraguay (CETAPAR), situada en el km 286 de la ruta n°7, en el distrito de Yguazú en el Departamento de Alto Paraná en Paraguay (ver la Figura N°5-7-2-1).

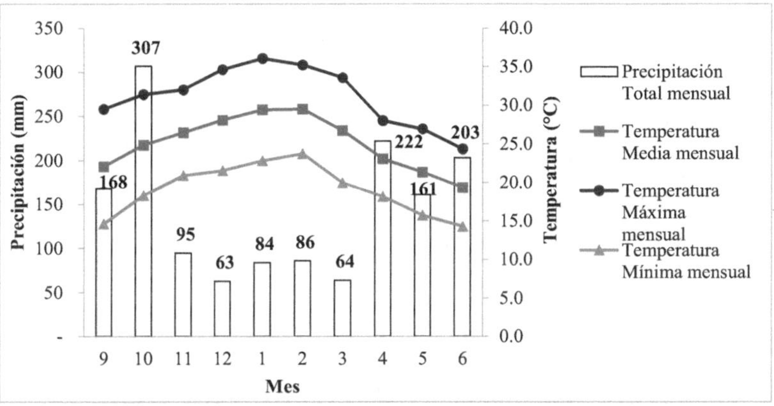

Figura N°5-7-2-1. Precipitación y temperatura en cada mes dentro del experimento realizado (septiembre del año 2011 hasta junio del año 2012).

(Fuente: CETAPAR, 2012)

La población del distrito de Yguazú está compuesta por paraguayos, brasileños, japoneses, alemanes, suizos y franceses, los que conservan sus idiomas y tradiciones. Está habitada en gran proporción por los colonos japoneses, quienes cultivan como rubro principal la soja, el trigo, el maíz, el girasol y nueces de macadamia. Están agrupados en la progresista Cooperativa Yguazú Agr. Ltda. Las principales actividades económicas son la agricultura, la ganadería y el comercio.

La temperatura media anual es de 21°C; la máxima llega a 38°C y la mínima a 0°C. La precipitación máxima anual es de **1,700 mm** según el promedio de registros de los últimos 17 años del CETAPAR (ver la Figura N°5-7-2-1).

8. Guayaquil, Provincia de Guayas en la Región de Costa en Ecuador

1). Clasificación del suelo en la Granja Experimental de la ESPOL

La Figura N°5-8-1-1 muestra la situación de la Ciudad de Guayaquil en la provincia de Guayas, Ecuador. La provincia de Guayas se encuentra en la región de Costa y para el metro de sobre nivel del mar de la ciudad de Guayaquil, alrededor de **5**.

Se clasifica como suelo **Vertisol** que es alta fertilidad, teniendo en cuenta alto contenido de mineral arcilloso de tipo 2:1 tal como Montmorillonita y/o Ilita en la Granja Experimental de la Facultad de la Vida en la Escuela Superior Politécnica del Litoral: ESPOL).

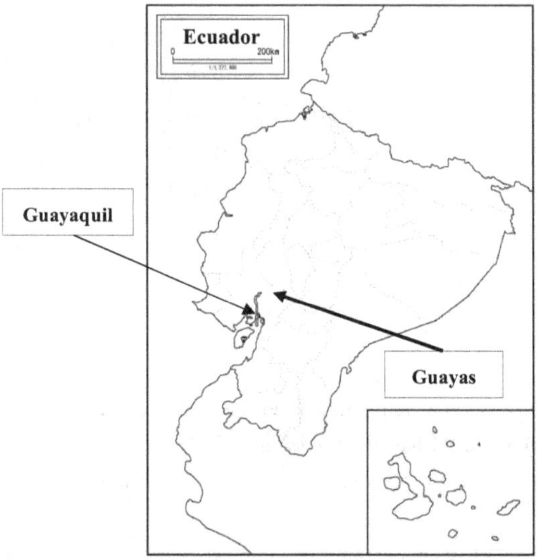

Figura N°5-8-1-1. Situación de la Ciudad de Guayaquil en la provincia de Guayas, Ecuador

2). Clima

La Figura N°5-8-2-1 muestra la precipitación y temperatura al año en la Provincia de Guayas. Del enero al abril, fue estación lluviosa, fue de **791 mm** para la precipitación total al año. Para la temperatura casi no se cambia durante un año, **30.3ºC** para la temperatura máxima promedio, **21.2**°C para la mínima y **25.7ºC** para la media, respectivamente.

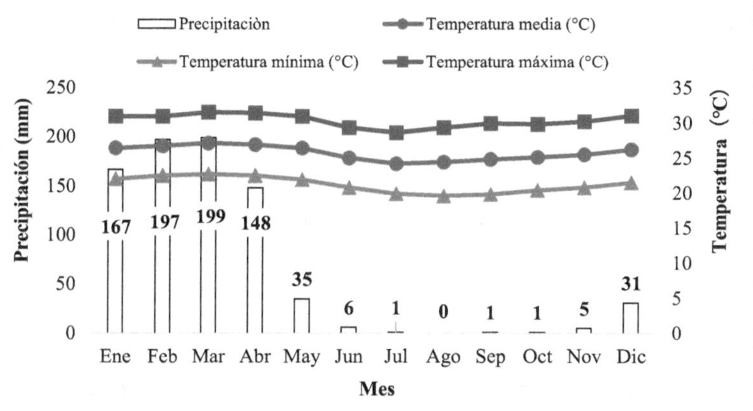

Figura Nº5-8-2-1. Precipitación y temperatura al año en la provincia de Guayas.
(Fuente: https://ja.climate-data.org/南アメリカ/エクアトル/provincia-del-guayas/guayaquil-2962/#temperature-graph)

Capítulo VI

Manejo de la fertilidad de los suelos en Colombia, Panamá, Brasil, Paraguay y Ecuador como ejemplo

1. Ejemplo de Llanos Orientales de Colombia

1). Introducción

León et al., (1995) encontró que la adición de cal dolomita mejoró la efectividad de la fertilización fosfórica en un Oxisol de Carimagua (Vichada) y un Ultisol de Santander de Quilichao (Cauca) cultivado con dos variedades de maíz (SIKUANI V-110 y Tuxpeño Sequia C6).

Al aplicar la cal dolomita 1.35, 2.16 y 2.97 t/ha en el suelo Oxisol, Carimagua, se redujo para la saturación del Al, fueron de 57.5, 47.9 y 34.3 %, respectivamente. Mientras que para el suelo Ultisol, Quilichao, al aplicar la cal dolomita 1.35, 3.30 y 4.74 t/ha, fueron de 64.1, 53.1 y 30.9 %, respectivamente.

Para el autor, este trabajo fue el experimento muy básico en la cooperación agrícola internacional y luego, les explica a lectores el trabajo en el Panamá en el artículo siguiente.

2). Dinámica del P disponible en los suelos

La Figura N°6-1-2-1 muestra la dinámica del P disponible por Bray No2 de acuerdo con la aplicación fosfatada en cada Finca Experimental. Con las mismas dosis de P aplicado, el incremento en el P-Bray No2 y la efectividad de la fertilización fue muy mayor cuando hubo una menor saturación de Al.

Obsérvese como la aplicación de cal redujo notoriamente la saturación de Al de ambos suelos, siendo el efecto más marcado en el Oxisol que en el Ultisol quizá por diferencia en dosis y/o por diferencias en la capacidad de fijación de P entre ambos suelos.

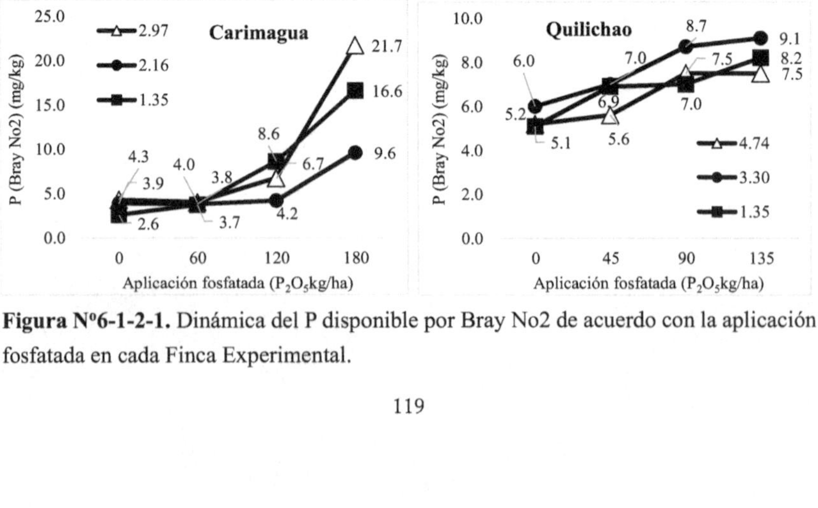

Figura N°6-1-2-1. Dinámica del P disponible por Bray No2 de acuerdo con la aplicación fosfatada en cada Finca Experimental.

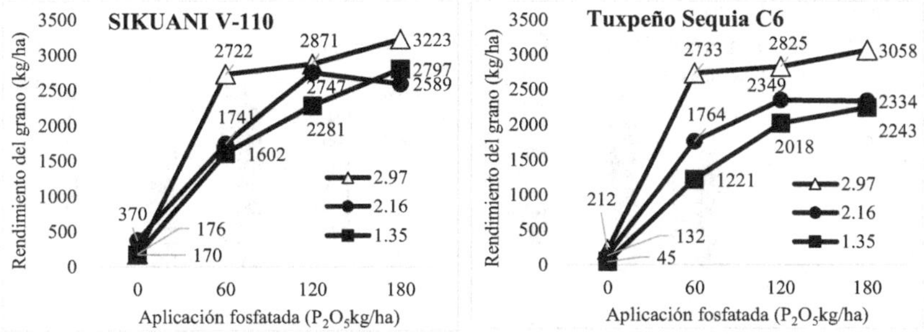

Figura N°6-1-3-1. Dinámica del rendimiento de acuerdo con la aplicación fosfatada en cada tratamiento cálcico y en cada variedad en el suelo Oxisol, Carimagua.

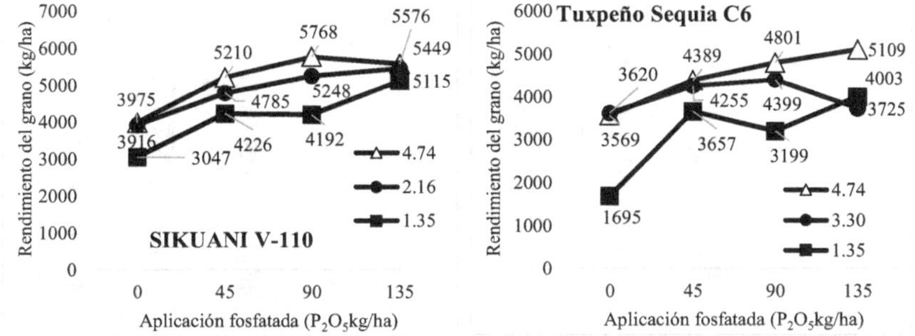

Figura N°6-1-3-2. Dinámica del rendimiento de acuerdo con la aplicación fosfatada en cada tratamiento cálcico y en cada variedad en el suelo Ultisol, Quilichao.

Nota: Para las Figuras N°6-1-2-1, N°6-1-3-1 y N°6-1-3-2, Modificado del León et al., 1995.

3). Dinámica del rendimiento en los suelos

La Figura N°6-1-3-1 muestra la dinámica del rendimiento de acuerdo con la aplicación fosfatada en cada tratamiento cálcico y en cada variedad en el suelo Oxisol, Carimagua, mientras que, la Figura N°6-1-3-2, la dinámica en el suelo Ultisol, Quilichao, respectivamente.

Por ejemplo, note como en el Oxisol con la aplicación de P_2O_5 a razón de 60 kg/ha se obtuvieron rendimientos económicos en las dos variedades con la reducción de la saturación de Al.

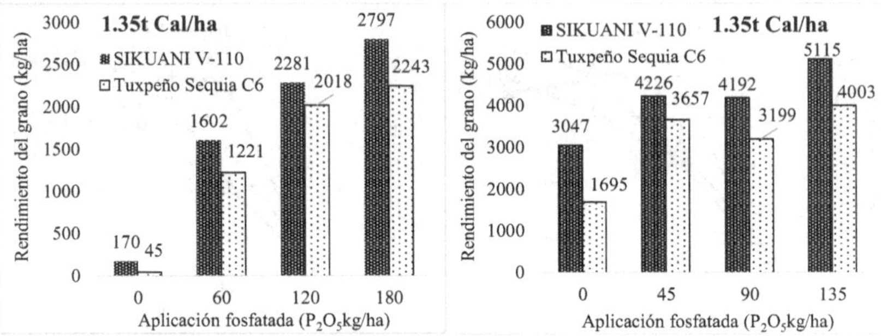

Figura N°6-1-4-1. Comparación del rendimiento del grano entre la variedad cultivada de acuerdo con la aplicación fosfatada en el tratamiento con 1.35t/ha de la cal.

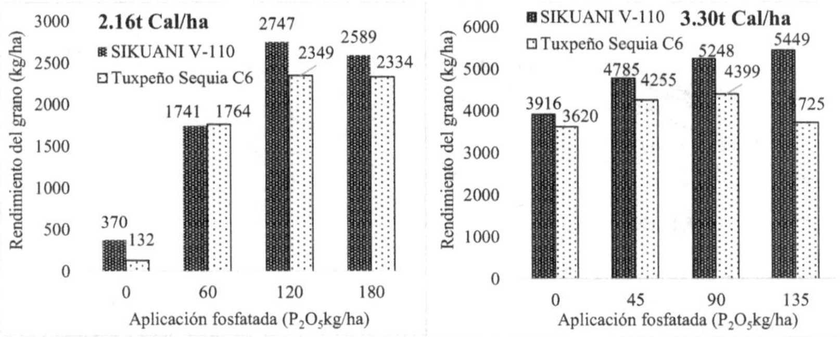

Figura N°6-1-4-2. Comparación del rendimiento del grano entre la variedad cultivada de acuerdo con la aplicación fosfatada en el tratamiento cálcico (2.16 t/ha y 3.30 t/ha de la cal).

Nota: Para las Figuras N°6-1-4-1 y N°6-1-4-2, Modificado del León et al., 1995.

4). Comparación del rendimiento del grano entre la variedad cultivada

La Figura N°6-1-4-1 muestra la comparación del rendimiento del grano entre la variedad cultivada de acuerdo con la aplicación fosfatada en el tratamiento con 1.35t/ha de la cal. Además, las Figuras N°6-1-4-2 y N°6-1-4-3, la comparación con la aplicación cálcico (2.16 t/ha y 3.15 t/ha de la cal) y (2.97 t/ha y 4.74 t/ha de la cal), respectivamente.

Así mismo, en general la variedad SIKUANI V-110 exhibió mayores rendimientos que la variedad Tuxupeño Sequia C6, particularmente a valores altos de saturación de Al, lo cual sugiere una mayor tolerancia a Al de variedad SIKUANI V-110.

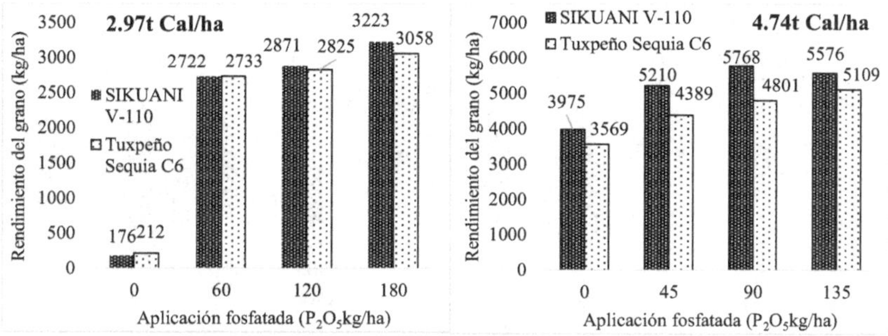

Figura N°6-1-4-3. Comparación del rendimiento del grano entre la variedad cultivada de acuerdo con la aplicación fosfatada en el tratamiento cálcico (2.97 t/ha y 4.74 t/ha de la cal). (Modificado del León et al., 1995).

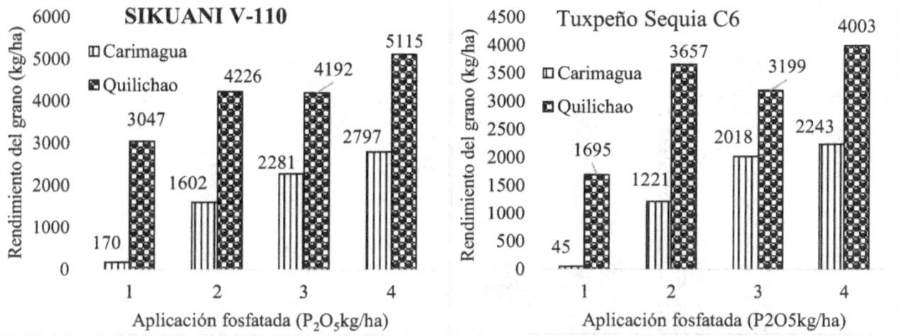

Figura N°6-1-5-1. Comparación del rendimiento en cada variedad entre la finca experimental de acuerdo con la aplicación fosfatada (Carimagua; niveles del P_2O_5 kg/ha, 0 60, 120 y 180: Quilichao; 0, 45, 90 y 135, respectivamente) en el trat. con 1.35t Cal/ha. (Modificado del León et al., 1995).

5). Comparación del rendimiento del grano en cada variedad

La Figura N°6-1-5-1 muestra la comparación del rendimiento del grano en cada variedad entre la finca experimental de acuerdo con la aplicación fosfatada en el tratamiento con 1.35 t/ha de la cal. Además, las Figuras N°6-1-5-2 y N°6-1-5-3, la comparación con la aplicación cálcico (2.16 t/ha y 3.15 t/ha de la cal) y (2.97 t/ha y 4.74 t/ha de la cal), respectivamente.

Es claro también que el rendimiento de maíz fue mucho más alto en el Ultisol, Quilichao que el en el Oxisol, Carimagua a un mismo nivel de aplicación de P en todos los tratamientos cálcicos. De los resultados ordenados, para el SIKUANI V-110, se considera la variedad que tiene más alta tolerancia al Al que la variedad Tuxpeño Sequia

C6 en el suelo mineral ácido rojo (Oxisol y Ultisol).

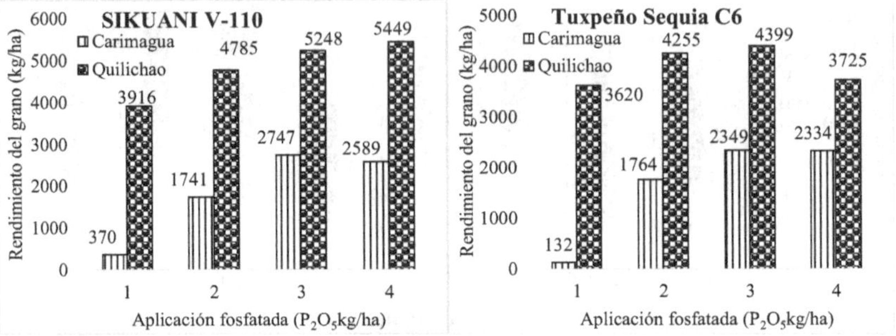

Figura N°6-1-5-2. Comparación del rendimiento en cada variedad entre la finca experimental de acuerdo con la aplicación fosfatada (Carimagua; niveles del P_2O_5 kg/ha, 0 60, 120 y 180: Quilichao; 0, 45, 90 y 135, respectivamente) en el trat. con 2.16 y 3.30t Cal/ha. (Modificado del León et al., 1995).

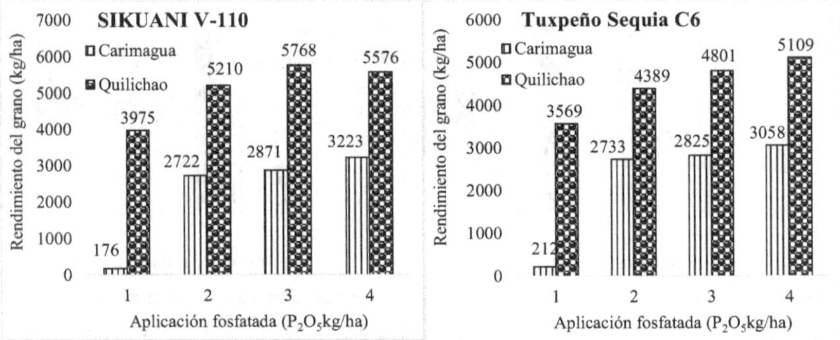

Figura N°6-1-5-3. Comparación del rendimiento en cada variedad entre la finca experimental de acuerdo con la aplicación fosfatada (Carimagua; niveles del P_2O_5 kg/ha, 0 60, 120 y 180: Quilichao; 0, 45, 90 y 135, respectivamente) en el Trat. con 2.97 y 4.74 t Cal/ha. (Modificado del León et al., 1995).

6). Dinámica de la saturación de Al en cada variedad

La Figura N°6-1-6-1 muestra la dinámica del rendimiento del grano en cada variedad con diferentes niveles de la saturación de Al en cada Finca Experimental. Para ambas variedades, se observó redujo el rendimiento de acuerdo con aumento de la saturación de Al en las dos Fincas Experimentales, relativamente. Por supuesto, se manifestó que el rendimiento para la variedad SIKUANI V-110 fue más alto que el para la variedad Tuxpeño Sequia C6 en las dos Fincas.

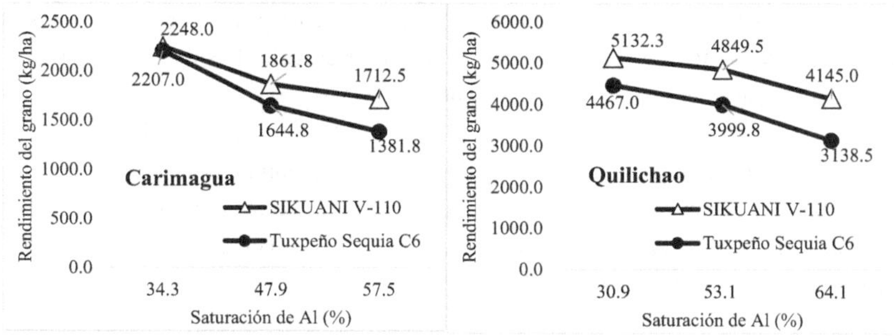

Figura N°6-1-6-1. Dinámica del rendimiento del grano en cada variedad con diferentes niveles de la saturación de Al en cada Finca Experimental. (Modificado del León et al., 1995).

7). Discusión y conclusión

De los resultados ordenados, para la variedad SIKUANI V-110 fue más alto rendimiento que la variedad Tuxpeño Sequia C6 a la misma aplicación fosfatada en los dos suelos ácidos y fue de 60kgP_2O_5/ha como la aplicación económica para el rendimiento obtenido. Para la variedad SIKUANI V-110, se consideró alta tolerancia al Al en el suelo.

Lo importante es que se observó la diferencia entre las dos Fincas experimentales para las dos variedades, los rendimientos en el suelo Ultisol (Quilichao) fueron más altos que los en el suelo Oxisol (Carimagua), marcadamente.

Básicamente, se considera la diferencia de contenido de tipo de mineral arcilloso (Por ejemplo, caolinita y/o sesquióxido…etc.) como la estructura entre el suelo Oxisol y Ultisol.

Actualmente, aunque se observe muy alto contenido de sesquióxido en el suelo Oxisol, es posible que sea muy bajo valor para la CIC. Por eso, al aplicar pequeña cantidad de la cal dolomita, es posible que pueda bajar la saturación del Al en el suelo Oxisol, relativamente.

Pero, en el suelo Oxisol, es posible que se observe muy alto contenido de la arcilla (Por ejemplo, 40 % en Paraguay: ver la Tabla N°4-5-6-1), y se inhibiera el crecimiento de la raíz en el suelo arcilloso, normalmente. A diferencia del caso del suelo Oxisol, es posible que tenga alto contenido de caolinita como mineral arcilloso con más alto valor de la CIC que el valor en el sesquióxido en el suelo Ultisol, relativamente.

Aunque se observara alto contenido de arena, fue necesario que más aplicación de la cal dolomita para precipitar el Al intercambiable en el suelo Ultisol con alta donación por caolinita que en el suelo Oxisol, básicamente.

Por eso, es probable que alta diferencia para el rendimiento del grano entre el suelo Oxisol (Carimagua) y Ultisol (Quilichao) aunque se aplicara misma cantidad fosfatada, teniendo en cuenta la diferencia de la textura, contenido de tipo de mineral arcilloso y capacidad de fijación del P...etc.

2. Ejemplo de Sabana de Panamá

1). Introducción

El autor et al., realizó el experimento con diferentes niveles de la cal agrícola asociada con abono fosfatado (Super Fosfato Trile: SFT) en el cultivo de maíz con evaluar las dos variedades en la Finca Experimento de Calabacito en la Provincia de Veraguas, al igual que el caso anterior colombiano.

Para las variedades utilizadas, fueron Across-7728 y Guararé-8128, respectivamente, e igualmente, también se evaluó la tolerancia del Al en el suelo Ultisol con la determinación de la aplicación económica para el material cálcico y fosfatado.

2). Maíz: Variedades Across 7728 y Guararé 8128

2)-1. Across 7728 y Guararé 8128

Las variedades Across 7728 y Guararé 8128 son producto del Convenio Cooperativo entre el Centro Internacional de Mejoramiento de Maíz y Trigo (CIMMYT) y el IDIAP. Fueron seleccionadas en la finca Experimental de Guararé y lanzadas como variedades comerciales en los años 1981 y 1985, respectivamente. La finca se encuentra localizada a los 7°53' de latitud norte y 80°23' de longitud oeste, a una elevación de 30msmn, con una precipitación y temperatura promedio anual de 986 mm y 27°C, respectivamente. El suelo es un **Alfisol (fino, mezclado, isohipertérmico, údico Haplustalf)**.

Estos materiales han sido desarrollados en la Región de Azuero, por lo tanto, se recomienda su cultivo en áreas con condiciones agroclimáticas similares. La Tabla N°6-

2-2-1 muestra las características agronómicas de estas variedades.

Tabla Nº6-2-2-1. Características Agronómicas de las Variedades.

Características Agronómicas	Variedades	
	Across 7728	Guararé 8128
Días a Floración	57	57
Altura Planta (cm)	221	225
Altura Mazorca (cm)	116	115
Acame tallo (%)	2.4	4.9
Días a Cosecha	120	120
Rendimiento (kg ha^{-1})	4091	4364

(Fuente: IDIAP, 1985)

2)-2. Densidad de la siembra por hectárea

Normalmente, se recomienda 50,000 plantas/ha (0.80 m × 0.25 m) en la región que tiene menos precipitación (1000 a 1500 mm al año). Por otra parte, se siembra 55,000 planta/ha (0.80 m × 0.22 m) en la región que tiene alta precipitación (más de 1500mm al año).

Se utiliza 55,000 plantas/ha (la densidad) como el sistema convencional para el IDIAP.

2)-3. Evaluación como variedad que tiene resistencia a alguna enfermedad

Son conocidos la mancha foliar producida por el hongo *Phaeosphaeria maydis*, la Helminthospoisis producida por *Helminthosporium turcicum* y la roya producida por *Puccinia polysora* como enfermedades representativas para el maíz. Las variedades Across 7728 y Guararé 8128 tienen la resistencia a las enfermedades mencionadas.

3). Materiales y Métodos

3)-1. Localización, suelo y clima

El experimento se llevó a cabo en el año 1994 en la Estación experimental de Calabacito, ubicado a 100 m.s.n.m (metros sobre nivel del mar), en el Corregimiento de Romance, Distrito de San Francisco, Provincia de Veraguas sobre un suelo de la familia **fino, mezclado, isohipertérmico, Typic Plintudult (Ultidol).** El clima del área se caracteriza por ser tropical húmedo, con una precipitación promedio anual de 2500 mm y una temperatura que oscila entre 20 y 35ºC.

3)-2. Diseño experimento y siembra

Se planificaron tres tratamientos de cal (0, 3.0 y 6.0 t/ha) y cinco niveles de fósforo (0, 40, 80, 120, y 160 kg/ha de P_2O_5) para evaluar el efecto de aplicaciones de la cal y dosis del fósforo en un Ultisol cultivado con maíz variedades Across 7728 y Guararé 8128.

Como diseño experimental se utilizó la parcela dividida con tres réplicas. Las parcelas principales fueron las dosis de la cal y las subparcelas las dosis del P_2O_5 en cada variedad de maíz.

La dimensión de la parcela principal fue de 540 m^2 (18m × 30m) y la subparcela de 36 m^2 (6m × 6m). Como parcela efectiva para registrar la producción por superficie se utilizó un área de 16 m^2 (4m × 4m).

3)-3. Manejo del ensayo

La variedad de maíz utilizada fue Across 7728 y Guararé 8128 a una densidad de 55,000 plantas/ha La siembra del maíz se efectuó manualmente en hileras a una distancia de 80 cm entre hileras y 22 cm entre plantas, dejando 1 o 2 plantas por golpe. Los niveles de fósforo se aplicaron con Super Fosfato Triple (46 % de P_2O_5) enterrado en el suelo y al lado de cada planta. Se hizo una aplicación en banda de 50 kg/ha de K_2O y 120 kg/ha de N distribuido al voleo en dos partes: al momento de la siembra y a los 35 días después de sembrado.

3)-4. Control de enfermedad y plaga

El control de malezas se hizo manual (Gesaprim 80W + Prowl a razones de 2.5 kg/ha y 3 L/ha, respectivamente), a los 35 días después de siembra y el control de insectos a los 35, 50 y 85 días después de siembra, utilizando Ambush a razón de 150 ml/ha, Furadan a razón de 10.5 kg/ha y Diazinon a razón de 1 L/ha. Se utilizó Dithane M45 (Maneb) para prevenir enfermedades a razón de 1 kg/ha.

3)-5. Análisis de suelo

Para los análisis químicos se tomaron muestras de suelo de cada tratamiento, antes de siembra y después de cosecha del maíz. A cada muestra se le practicaron análisis de pH, Materia Orgánica (M.O.), bases cambiables siguiendo la metodología para análisis descrita por Díaz, Romeo y Hunter (1978). La extracción de P y K fue mediante la solución de Mehlich No1 (1:10) (The council on soil testing and plant analysis, 1980).

Tabla N°6-2-4-1. Propiedad química de suelo Alfisol antes de la fertilización y la siembra en Guararé.

pH	P	K	Ca	Mg	Al	Sat. de Ca*	M.O.**
	(μg/ml)	(meq/100ml)				(%)	(%)
6.20	9.80	0.95	28.5	11.2	tr	70.1	3.67

Nota: *Sat de Ca. :Saturatión de Ca

**M.O. :Materia Orgánica

Análisis realizados en el Laboratorio de suelos del IDIAP en Divisa.

Métodos analíticos: pH en agua(1:1); P y K = Extractor Mehlich No1; Ca, Mg y Al = Extractor KCl 1M; Materia Orgánica = Walkley o Black., Sat. de Ca = Ca / (K + Ca + Mg + Al) × 100

Tabla N°6-2-4-2. Propiedad química del suelo cultivado antes de la fertilización y la siembra en Calabacito.

pH	P	K	Ca	Mg	Al	Al Sat.*	O.M.**
	(μg/ml)	(meq/100ml)				(%)	(%)
4.90	1.00	0.96	0.65	0.092	3.4	66.6	4.27

Nota: Análisis realizados en el Laboratorio de suelos del IDIAP en Divisa (Ver la Tabla N°6-2-4-1).

4). Resultados y Discusión

4)-1. Propiedad química de los suelos antes de la fertilización y la siembra.

Se presenta propiedad química de suelo Alfisol antes de la fertilización y la siembra en la Tabla N°6-2-4-1. El valor de Ca y Mg intercambiables fue de 28.5 y 11.2 meq/100ml, respectivamente, y se considera el suelo que tiene alto contenido de bases. Por otra parte, se presenta propiedad química del suelo de Calabacito (**Ultisol**) en la Tabla N°6-2-4-2. Por el contrario del Alfisol, tiene alto contenido de Al y saturación de Al para el Ultisol.

4)-2. Cambio de pH, Ca, Al y Saturación de Al en el suelo Ultisol después de 30 días de la siembra

Después de 30 días de la siembra, señaló que 6 t de la cal/ha los valores excepto el Al y la saturación de Al aumentaron significativamente con relación a 3 y 0 t de la cal/ha (la Figura N°6-2-4-1). Sin embargo, el Al y la saturación disminuyeron por efecto de la cal.

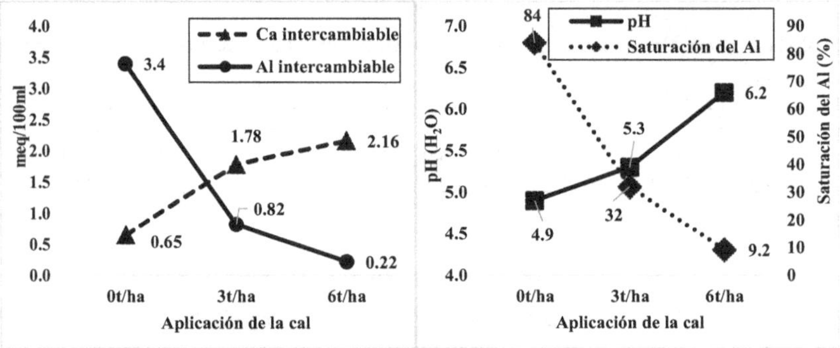

Figura N°6-2-4-1. Cambio de la propiedad química de suelo por efecto de la cal un mes después de la aplicación.

4)-3. Rendimiento de maíz en las variedades

Se presenta rendimientos de maíz variedades Across-7728 y Guararé-8128 en las Figuras N°6-2-4-2 y N°6-2-4-3. Normalmente, mostró que los tratamientos con 6 y 3 t de la cal/ha tuvieron mayor rendimiento que el de 0 t de la cal/ha. Pero finalmente, el rendimiento de grano de la variedad Guararé-8128 fue mayor que la Across-7728 en los tratamientos de la cal y el fósforo.

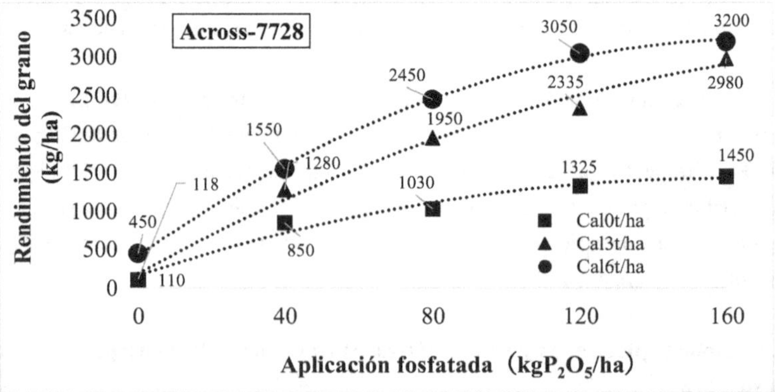

Figura N°6-2-4-2. Rendimiento de grano de maíz (la variedad Across-7728) respuesta a aplicado de cal y fósforo en el año 1994.

De los resultados de análisis de varianza, se observó la diferencia significativa al 1 % para el tratamiento de la cal, fosfato, variedad e interacción de cal x variedad, y al 5 % para la interacción de fosfato y variedad, respectivamente. Actualmente, para la variedad Guararé-8123 fue más alto rendimiento que la variedad Across-7728 y fue la variedad adaptable en el suelo Ultisol, relativamente.

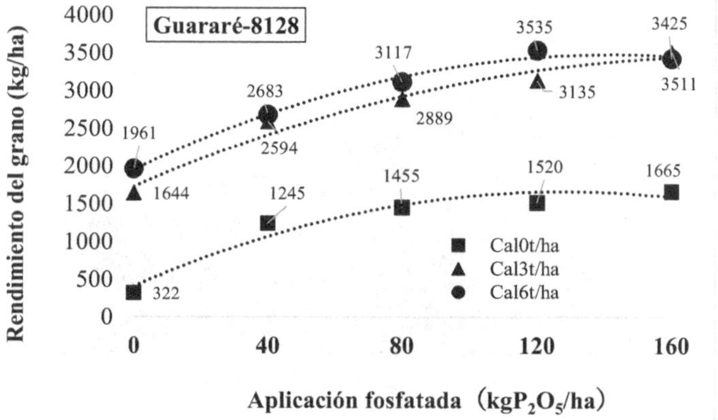

Figura N°6-2-4-3. Rendimiento de grano de maíz (la variedad Guararé-8128) respuesta a aplicado de cal y fósforo en el año 1994.

Foto N°6-2-4-1. Escenario Vegetativo en el cultivo de maíz (la variedad: Guararé 8128) en la Finca Experimental de Calabacito, Panamá, 1994.

Las Fotos N°6-2-4-1 y N°6-2-4-2 muestran condiciones del cultivo de maíz la Variedad Guararé 8128 (escenario vegetativo y cerca de la cosecha) en la Finca

Experimental de Calabacito en el año 1994.

Name,B., Sánchez,R. y el autor tuvieron en cuenta que la Guararé 8128 fue la variedad que tenía tolerancia a bajo fósforo en comparación con la Across 7728, podía cultivar con la aplicación óptima de la cal y el fósforo en un Ultisol.

Foto N°6-2-4-2. Cerca de la cosecha para maíz (la variedad: Guararé 8128) en la Finca Experimental de Calabacito, Panamá, 1994.

4)-4. Dinámica de pH, Ca, Al y Saturación de Al en el suelo cultivado con maíz

La Figura N°6-2-4-4 muestra dinámica de pH y Ca intercambiable, mientras que para la Figura N°6-2-4-5, Al intercambiable y Saturación de Al en el suelo cultivado con maíz. Se observó aumento del pH, y del Ca de acuerdo con la aplicación de la cal, por el contrario, disminución del Al.

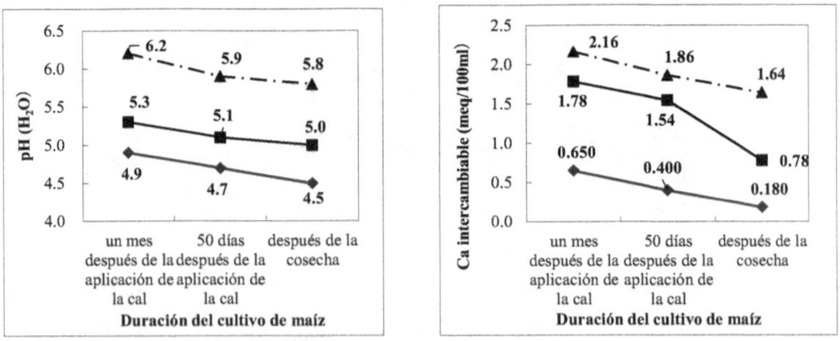

Dinámica del suelo para pH (H_2O) Dinámica del suelo para Ca intercambiable (meq/100ml)

Figura N°6-2-4-4. Dinámica del pH y Ca intercambiable en el suelo cultivado con maíz en cada tratamiento de la cal aplicada.

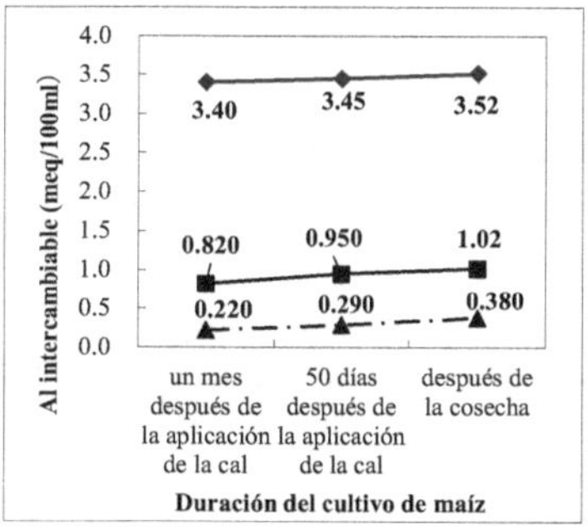

Dinámica del suelo para Al intercambiable (meq/100ml)

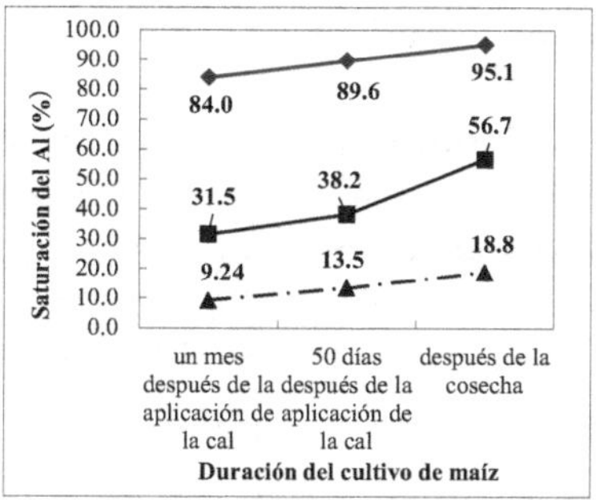

Dinámica del suelo para Saturación de Al (%)

Figura N°6-2-4-5. Dinámica del Al intercambiable y Saturación de Al en el suelo cultivado con maíz en cada tratamiento de la cal aplicada.

4)-5. Recomendación de la variedad Guararé 8128 con la aplicación adecuada en el suelo Ultisol

Una parte el beneficio neto de los tratamientos de 3.0t/ha de la cal y el fósforo (160kgP_2O_5/ha) fue de US$90.1/ha en la variedad Guararé 8128.

De todos modos, será necesario aplicar la cal para precipitar el Al en el cultivo de maíz en el suelo Ultisol que tiene alta saturación de Al.

Además de esto, necesitamos probar algunos experimentos cultivados con variedades representativas de maíz del CIMMYT que pueden adaptarse a la condición de alta saturación de Al con diferentes niveles de cal y abono fosfatado en varios suelos ácidos en Llanos de América Latina con Panamá en el futuro.

5). Conclusiones

1. La aplicación de 3.0 y 6.0 t de la cal/ha a un suelo con pH 4.9, aumentó su pH a 5.3 y 6.2, respectivamente después de 30 días.

2. El Al intercambiable en el suelo disminuyó de 3.40 meq/100ml de suelo antes de aplicar la cal hasta 0.82 y 0.22 meq/100ml de suelo por aplicación de 3.0 y 6.0 t/ha de la cal, respectivamente después de 30 días.

3. El contenido de fósforo en el suelo antes de siembra aumentó, significativamente después de cosecha en los niveles más altos de (160 y 120 kg de P_2O_5/ha) con respecto

al más bajo (0 kg de P_2O_5/ha).

4. Los contenidos de P en el suelo tienden a disminuir con tiempo; producto de una alta fijación del P, situación que se presenta en mayor grado cuando el suelo tiende a acidificarse e incrementar el Al.

5. El rendimiento de grano de la variedad Guararé 8128 fue mayor que la Across 7728 en los tratamientos de la cal y el fósforo.

6. El óptimo económico promedio del año 1994 de P_2O_5 fue de 160kg/ha/año con 3.0t/ha de la cal para la variedad Guararé 8128.

7. Lo muy importante es que fue muy alto valor para la tasa de retorno marginal al aplicar la cal (3t/ha) sobre la variedad Across-7728, se considera que no tuvo la tolerancia a la acidez para la variedad, comparando con la variedad Guararé-8128.

8. De todos modos, necesitamos probar algunos experimentos cultivados con variedades representativas de maíz del CIMMYT que pueden adaptarse a la condición de alta saturación de Al con diferentes niveles de cal y abono fosfatado en varios suelos ácidos en Llanos de América Latina con Panamá en el futuro.

3. Ejemplo de la colonia Nikkei en el estado de São Paulo, Brasil

1). Introducción

No se puede cultivar sin irrigación en la estación seca (mayo a octubre) en el estado de São Paulo (SP) en Brasil. Se siembran los cultivos para abono verde antes de empezar la estación seca y de terminar la estación lluviosa utilizando agua residuo. Aquí se sembraron y se cultivaron los cultivos en el mes de junio y se los cosecharon e incorporaron en el mes de octubre. Después de incorporarlos, se sembró maíz en los tratamientos de manera inmediatamente. Normalmente, no tiene una duración como materia de cobertura (incorporación al inicio de estación seca) sobre los cultivos para abono verde. Por eso, se espera un efecto como abono verde por incorporar de los cultivos al suelo.

2). Materiales y Métodos

2)-1. Abonos verdes utilizados

Se sembraron 5 cultivos representativos como Milheto (*Pennisetum americanum* L.), Avena (*Anena strigosa* Schreb), Sorgo (*Sorghum bicolor* L.), Mucuna (*Mucuna pruriens*) y Girasol (*Hellanthus annuus* L.) en la finca experimental (2.6 ha) del Instituto de Investigación Técnica y Difuciones Agropecuarias de la JATAK (O Instituto de Pesquisas Técnica e Difusões Agropecuárias da JATAK) sin la aplicación, localizada en el municipio de Guatapará SP en Brasil el 20 de junio de 2004.

2)-2. Suelo utilizado y el análisis

El suelo utilizado en el experimento fue clasificado como Latosol Rojo-Oscuro (Oxisol). Sobre el análisis del suelo y del tejido vegetal, el autor se lo pidió al Ribersolo Ltd. En la condición antes de la fertilización y la siembra de los cultivos, presentó a las siguientes características físicas-químicas : Arena-Limo-Arcilla = 671-44-286 g/kg (franco arcillo arenoso); materia orgánica = 19.9 g/dm^3; pH en $CaCl_2$ 0.01 mol/L (1:2.5) = 6.2; P (resina) = 32.7 mg/dm; K (resina) = 3.6; Ca (resina) = 41.9; Mg (resina) = 25.0; H + Al (SMP) = 14.7; todos intercambiables en mmol$_c$/dm^3, y Suma de bases (mmol$_c$/dm^3) y **Saturación de bases (V %)** = 70.5 y **82.7**, respectivamente determinados segundo método descrito por Raij et al.

2)-3. Incorporación de los abonos verdes y el análisis de tejido vegetal

Se incorporaron los cultivos cosechados frescos el día 4 de octubre del mismo año, después de cosecharlos. Antes de incorporarlos, se midieron el rendimiento seco para cada cultivo. Al mismo tiempo, se tomaron las muestras de los suelos y los cultivos incorporados como primera vez (4 de octubre). A continuación, se tomaron las muestras los días 18 de octubre y 27 de noviembre como segunda y tercera vez, respectivamente.

Sobre el análisis de tejido vegetal, se utilizó el método de analizador de CN para determinar el contenido de carbono (El autor lo pidió a la Facultad de Agronomía en la Univerdidad Estatal de São Paulo en Botucatu-SP), el método de Kjeldahl para determinar el contenido de nitrógeno, y el método de HNO_3 + $HClO_4$ (3:1) determinar el contenido de fósforo, potasio, calcio, magnesio, azufre y elementos menores (B, Cu, Fe,

Mn y Zn). Pero, para este libro, se incluye los resultados de **C**, **N** y **C/N** en los abonos verdes, Para otros elementos mencionados, consulten el otro libro detallado sobre **Manejo integral de la fertilidad de suelos cultivados con maíz con la evaluación económica**.

2)-4. Cultivo del maíz antes de la incorporación de los abonos verdes

Por otra parte, también se sembró maíz sin la aplicación el día 5 de octubre en 2004, y se lo cosechó el día 26 de marzo en 2005 con el testigo sin incorporación. La variedad de maíz utilizada fue PIONEER 30F80 a una densidad de 38300 plantas/ha. La siembra del maíz se realizó en hileras a una distancia de 91 cm entre hileras y 28 cm entre plantas, dejando 2 o 3 plantas por golpe. Finalmente, se midió rendimiento del grano el día 29 de marzo en 2005, después de secarlo al aire.

Para medir el rendimiento, se dividió tres sub parcelas en cada tratamiento de los cultivos incorporados, y se tomó una muestra en cada sub parcela en el tratamiento al azar con tres réplicas para realizar por medio de la prueba de Duncan al 5 % de probabilidad, utilizando el paquete estadístico SAS.

3). Resultados y Discusión

3)-1. Localización para la Colonia Nikkei Guatapará-SP

En la Finca experimental, básicamente, se observó muy alta aplicación elevada y tuvo el problema alta contaminación de patógenos para el cultivo de ajo durante la estación seca al observarse la cantidad demasiada de la lluvia en algunos días.

3)-2. Rendimiento seco de cultivos para abono verde

La Foto N°6-3-3-1 muestra el cultivo de los cinco abonos verdes tales como Milheto, Avena, Sorgo, Mucuna y Girasol en el campo, 2004.

La Tabla N°6-3-3-1 muestra rendimiento seco de cultivos para abono verde. Se observó que el rendimiento de Milheto fue el más alto de todos los cultivos, seguido del rendimiento de Sorgo, fueron de 5.25 y de 3.44 t/ha, respectivamente. Por el contrario, se observó menos rendimiento seco sobre Avena y Mucuna que presentaron 0.869 y de 0.765 t/ha, respectivamente.

Cultivo de Milheto

Cultivo de Avena

Cultivo de Sorgo

Cultivo de Mucuna

Cultivo de Girassol

Foto Nº6-3-3-1. Cultivo de los cinco abonos verdes en el suelo Oxisol en la Guataperá-SP, 2004.

Tabla Nº6-3-3-1. Rendimiento seco de cultivos para abono verde

Cultivos de abono verde	Rendimiento seco (t/ha)
Milheto	5.25
Avena	0.869
Sorgo	3.44
Mucuna	0.765
Girasol	1.84

3)-3. Rendimiento del grano de maíz en cada tratamiento de los cultivos para abono verde

La Foto N°6-3-3-2 muestra la condición de escenario vegetativo del maíz, 2004 y mientras que, pala la Foto N°6-3-3-3, cerca de la cosecha, 2005, respectivamente. Se observó buen crecimiento, teniendo en cuenta la buena característica física y alto contenido de los nutrientes del P, K, Ca y Mg.

Foto N°6-3-3-2. Escenario vegetativo del maíz, 2004.

Foto N°6-3-3-3. Cerca de la cosecha, 2004.

La Figura N°6-3-3-1 muestra rendimiento del grano de maíz en cada tratamiento de los cultivos para abono verde. Se observó que el rendimiento del grano de maíz en el tratamiento de Mucuna fue el más elevado de todos los tratamientos y fue de 8.4 t/ha, seguido del rendimiento en los tratamientos de Milhleto y de Girasol que fueron de 7.8 y de 7.7 t/ha, respectivamente. Especialmente, se considera que la incorporación de la planta leguminosa tuvo un gran efecto sobre el rendimiento obtenido de maíz en el tratamiento de Mucuna.

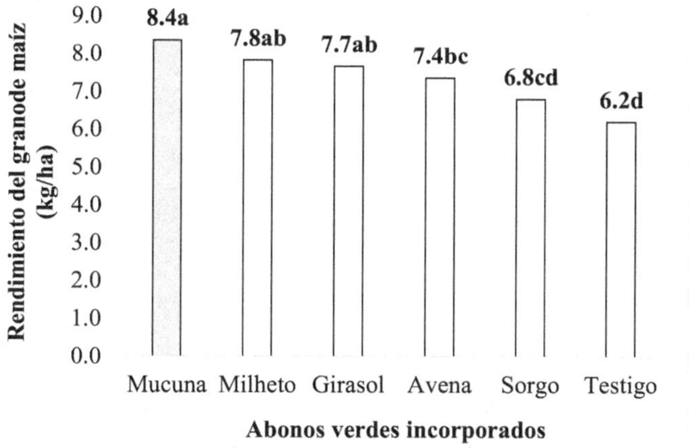

Figura N°6-3-3-1. Rendimiento del grano de maíz en cada tratamiento de los cultivos para abono verde

Nota: Medias seguidas de la misma letra no presentan diferencia estadísticamente significativa al nivel de 5 % por la prueba de Duncan.

Dentro del tratamiento de Milheto y de Girasol, no se observó la diferencia significativa estadística por la prueba de Duncan al 5 %. Por el contrario, el testigo fue el que presento menor rendimiento en todos los tratamientos. Po otro lado, se evidenció el efecto incorporado de los cultivos como abono verde en el experimento. Pero, relativamente, se observó alta fertilización en el suelo ya que aplicaban muchos abonos químicos por largo plazo. Por eso, se observó cerca de 6t/ha del rendimiento en el testigo.

3)-4. Dinámica de C, N y C/N en los cultivos incorporados como abono verde al suelo

La Figura N°6-3-3-2 muestra dinámica de Total-C en los cultivos incorporados como abono verde al suelo. De los resultados obtenidos, los valores de Sorgo y de Mucuna disminuyeron con el tiempo. Se considera que los materiales fueron de fácil de descomposición. Por el contrario, casi el valor de Girasol no cambió del 4 de octubre al 26 de noviembre.

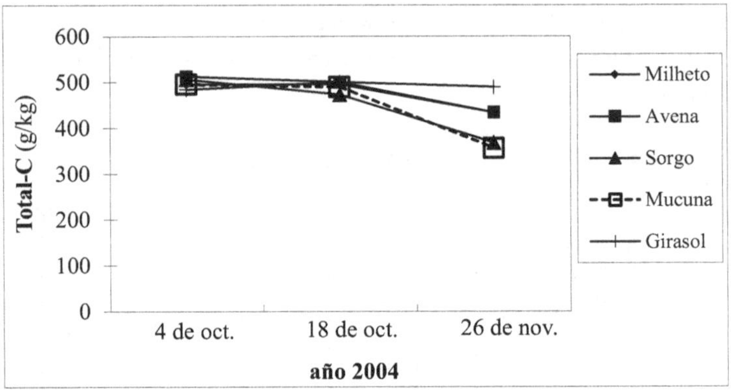

Figura N°6-3-3-2. Dinámica de Total-C en los cultivos incorporados como abono verde al suelo

La Figura N°6-3-3-3 muestra dinámica de Total-N en los cultivos incorporados como abono verde al suelo. De los resultados obtenidos, todos los valores disminuyeron con el tiempo, Especialmente, el valor de N aumentó del 4 al 18 de octubre en Mucuna. Se considera que la materia de Mucuna se descompuso, rápidamente, y elevó el contenido de Total-N en el cultivo incorporado. Pero, el valor disminuyó al día 26 de noviembre teniendo en cuenta la descomposición. De todos modos, se considera que influenció al rendimiento máximo del grano de maíz ya que el contenido de N en Mucuna fue el más alto del contenido de N en otros cultivos incorporados.

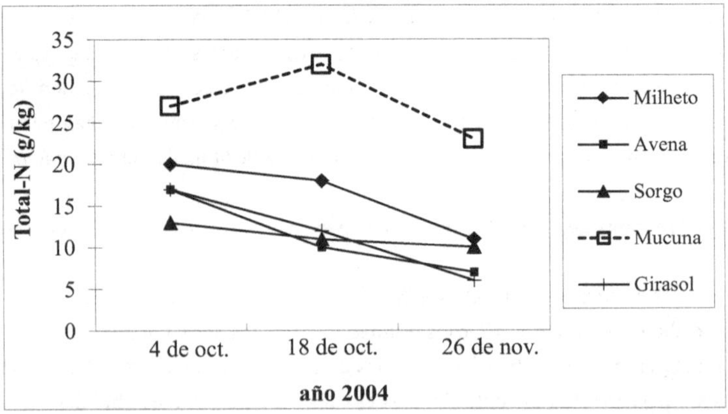

Figura N°6-3-3-3. Dinámica de Total-N en los cultivos incorporados como abono verde al suelo

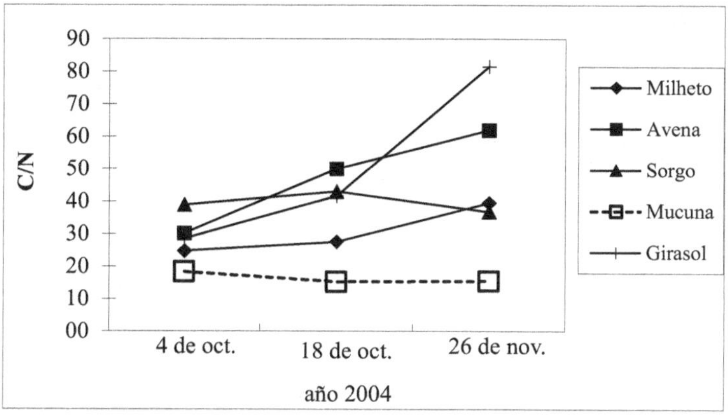

Figura N°6-3-3-4. Dinámica de C/N en los cultivos incorporados como abono verde al suelo

La Figura N°6-3-3-4 muestra dinámica de C/N en los cultivos incorporados como abono verde al suelo. De los resultados obtenidos, los valores de Girasol, Avena y Milheto aumentaron con el tiempo, pero los valores de Sorgo y Mucuna casi no cambiaron del 4 de octubre al 26 de noviembre. Especialmente, se considera que los materiales gramíneos como Avena y Milheto estuvieron difícil de descomponerse en comparación con el material leguminoso como Mucuna, pero, por el contrario, fueron fácil de lixiviarse sobre N contenido en los cultivos incorporados.

Por otra parte, se mantuvieron cerca de 17 y de 40 sobre C/N en Mucuna y Sorgo, respectivamente. Especialmente, se considera que no fue adecuado como abono verde sobre Sorgo de la vista del valor de C/N.

3)-5. Dinámica de Materia orgánica y P en el suelo por incorporación de los cultivos para abono verde

La Figura N°6-3-3-5 muestra dinámica de materia orgánica en el suelo después de incorporar los cultivos para abono verde con el Testigo. Se observó que el valor disminuyó rápidamente con el tiempo en el Testigo. Se considera que la descomposición de la materia orgánica del suelo avanzó ya que tuvo alto contenido de arena en el suelo. Por otra parte, se observó que el valor aumentó en todos los tratamientos, menos en el Testigo. Por fin, se considera que el material de los cultivos para abono verde fue descompuesto rápidamente, produciendo ácido orgánico y humus y/o materia orgánica del suelo.

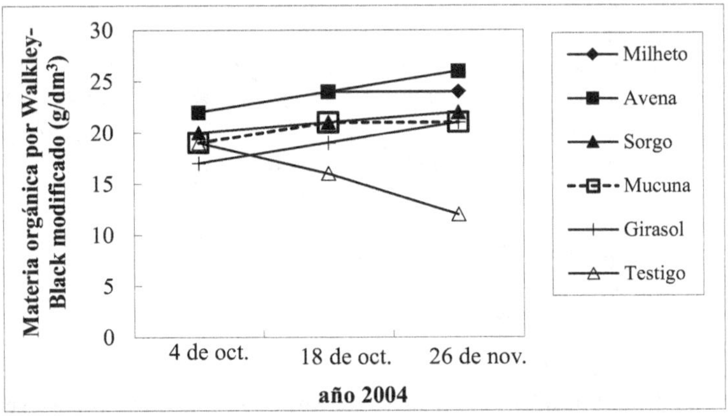

Figura N°6-3-3-5. Dinámica de Materia orgánica en el suelo después de incorporar los cultivos para abono verde con el Testigo

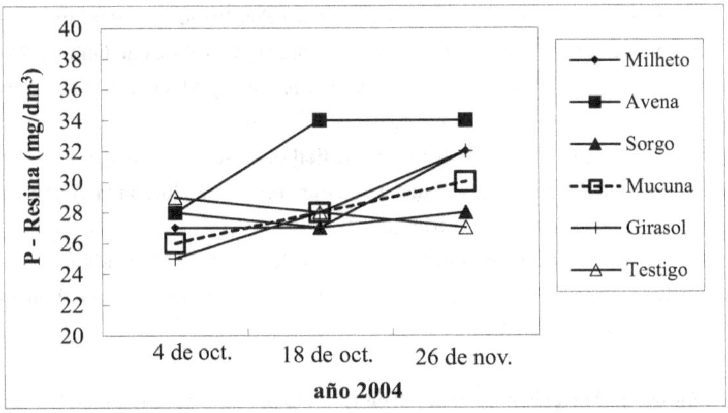

Figura N°6-3-3-6. Dinámica de P (Resina) en el suelo después de incorporar los cultivos para abono verde con el Testigo

La Figura N°6-3-3-6 muestra dinámica de P (Resina) en el suelo después de incorporar los cultivos para abono verde con el Testigo. Se observó que el valor disminuyó con el tiempo en el Testigo al igual que la materia orgánica (ver la Figura N°6-3-3-5). Por otra parte, se observó que el valor aumentó en los tratamientos de Milheto, Avena, Mucuna y Girasol. Pero, casi no cambió sobre el tratamiento de Sorgo. Por eso, se considera que el material de los cuatro cultivos para abono verde fue descompuesto, produciendo ácido orgánico y tuvo el efecto de quelato para aumentar la disponibilidad del P para plantas. Además, se considera que influenció al rendimiento del grano de maíz sobre la disponibilidad del P al igual que el N.

Foto N°6-4-1-1. Diferentes niveles del N en el cultivo de Maíz con la comparación de comportamiento de dos híbridos.

(Foto: Amigo de la Lorena, 2011)

Foto N°6-4-1-2. Cosecha del maíz por la Lorena (izquierda) y Fani (derecha) que le ayuda a la Lorena, 2011.

4. Diferentes niveles de la aplicación nitrogenada en cada híbrido del maíz, Pilar, Ñeembucú, Paraguay

1). Introducción

Se realzó la investigación como la tesina por la María Lorena Galeano Lobos en el año 2012 (ver las Fotos N°6-4-1-1 y N°6-4-1-2). El autor fue un orientador para ella, y explica los resultados valiosos obtenidos.

2). Materiales y Métodos

Se evaluó cuatro niveles del N (0, 50, 100 y 200 kgN/ha) combinado con los dos híbridos al azar con tres repeticiones en el cultivo del maíz en donde se utilizó el Arreglo en parcelas divididas. Como el N se utilizó Urea. Se realizó el experimento en la Finca del colegio agrícola y se aplicaron 50 kgP_2O_5/ha y 50 kgK_2O/ha, seguramente al momento de la siembra.

3. Resultados y Discusión

3)-1. Propiedad físico-química del suelo

La Tabla N°6-4-3-1 muestra el análisis del suelo antes de la aplicación y la siembra.

Tabla N°6-4-3-1. Análisis del suelo antes de la aplicación y la siembra

Muestras	pH agua	pH SMP	% Arcilla	P	K	Ca	Mg	Al	H+Al	M.O.
				mg/kg	$cmol_c$/kg	$cmol_c$/kg	$cmol_c$/kg	$cmol_c$/kg	$cmol_c$/kg	%
Valor	5.70	5.64	16.72	44.00	0.08	0.37	0.11	0.12	6.70	1.56

Método del análisis: pH en agua (1:1); P y K = Extractor Mehlich No1 (0.01M HCl + 0.0125M H_2SO_4).; Ca, Mg y Al = Extractor KCl 1M.; M.O. = Materia Orgánica (Walkley o Black).; Es calculado para H+Al por el pH (SMP).; Análisis física = Bouyoucos.

Además, se realizaron los cálculos de:

- Suma por bases (SB) = $Ca^{2+} + Mg^{2+} + K^+$
- Capacidad de Intercambio Cationes (CIC) = SB + $H^+ + Al^{3+}$
- Saturación por bases (V) (%) = SB / CIC × 100
- Capacidad de Intercambio Cationes Efectiva (CICe) = SB + Al^{3+}
- Los valores son de 0.56 ($cmol_c$/kg), 7.26 ($cmol_c$/kg), 7.77 (%), 1.58 (%) y 0.68 ($cmol_c$/kg), respectivamente.

En el análisis de suelo, se observó alto contenido del P (mayor a 10mg P/kg), mientras los contenidos para el K, Ca, Mg y M.O. son bajos (menos de 0.15 para el K,

3.0 para el Ca, 1.0 para el Mg y 2.0 para M.O.). Se considera que existe baja saturación de bases en el suelo, y bajo contenido de la arcilla, cuya característica física predominan en un suelo Entisol.

3)-2. Característica agronómica y rendimiento para Maíz

3)-2-1. Característica agronómica para Maíz

Se sembró la semilla como densidad de 90cm entre hileras y 30cm entre plantas, dejando 1 o 2 plantas por hoyo. Totalmente fue una densidad de 37,037 plantas/ha.

Tal como se puede observar en la Figura N°6-4-3-1 el tratamiento con 50kgN/ha presenta el valor promedio más elevado en la longitud de la mazorca en las dos variedades, sin embargo, la diferencia en longitud de los mismo no es estadísticamente significativa.

3)-2-2. Rendimiento del grano de Maíz

La Figura N°6-4-3-2 muestra la dinámica de la comparación del rendimiento (Kg/ha) de maíz híbrido TNH0032100 y TNH0033100 con diferentes niveles de aplicación de abono nitrogenado. En los resultados de análisis de varianza, se observó que la diferencia es significativa al 1% en el rendimiento del grano entre los híbridos.

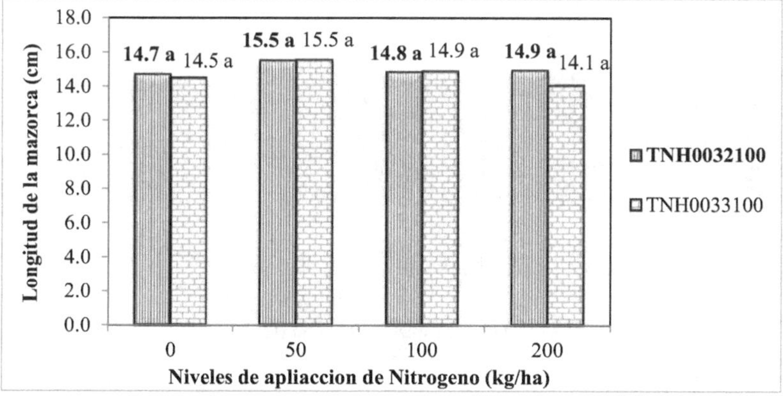

Figura N°6-4-3-1. Dinámica de la comparación de la longitud de las mazorcas de maíz híbrido TNH0032100 y TNH0033100 con diferentes niveles de aplicación de abono nitrogenado en forma de Urea.

Nota: Los promedios con la letra de la Prueba de Rango Múltiple de Duncan.

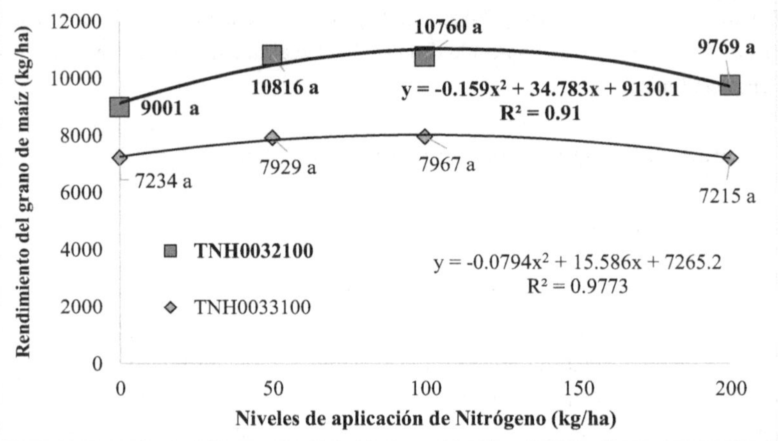

Figura N°6-4-3-2. Dinámica de la comparación del rendimiento (kg/ha) de maíz híbrido TNH0032100 y TNH0033100 con diferentes niveles de aplicación de abono nitrogenado en forma de Urea.

Nota: Los promedios con la letra de la Prueba de Rango Múltiple de Duncan.

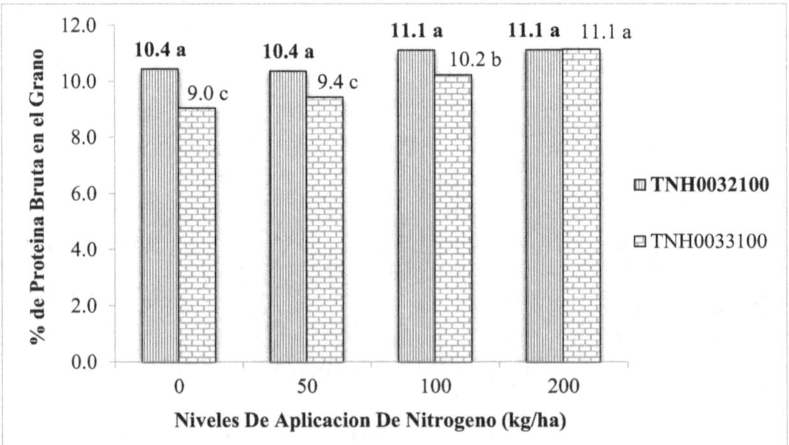

Figura N°6-4-3-3. Dinámica de la comparación de la proteína bruta (%) en el grano de maíz híbrido TNH0032100 y TNH0033100 con diferentes niveles de aplicación de abono nitrogenado en forma de Urea.

Nota: Los promedios con la letra de la Prueba de Rango Múltiple de Duncan.

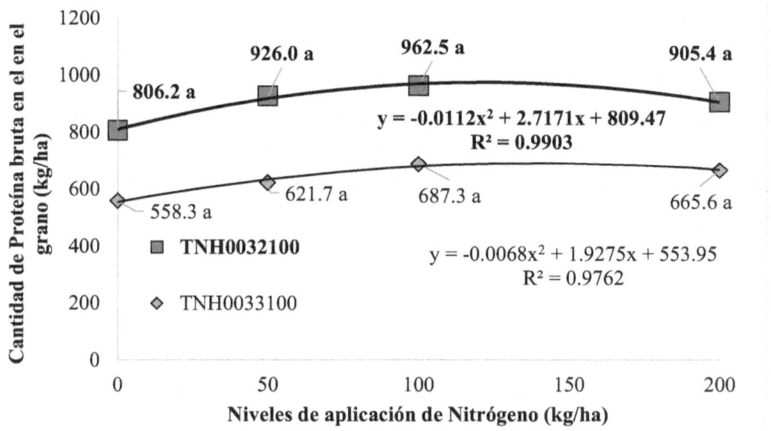

Figura N°6-4-3-4. Dinámica de la comparación de la cantidad de proteína bruta en el grano de maíz híbrido TNH0032100 y TNH0033100 con diferentes niveles de aplicación de abono nitrogenado en forma de Urea.

Nota: Los promedios con la letra de la Prueba de Rango Múltiple de Duncan.

3)-3. Evaluación de proteína bruta en el grano

E igualmente, para las Figuras N°6-4-3-3 y N°6-4-3-4, la dinámica de la proteína bruta y la de cantidad de proteína bruta en el grano, respectivamente. En cuanto al porcentaje de proteína bruta en el grano se obtuvo un resultado altamente significativo al 1 % para los niveles del N aplicados al cultivo.

El rendimiento y % de proteína bruta para la variedad TNH0032100 fueron más altos que para la variedad TNH0033100. Es por ello que se recomienda el cultivo del híbrido TNH0032100 en el campo.

Finalmente, en el testigo se observó 9001kg/ha como el rendimiento de grano para el híbrido TNH0032100, es posible que se utilizara el nitrógeno debido a que es la descomposición de materia orgánica que se aplicó anterior dentro del cultivo con el porcentaje de la proteína bruta en el grano. Por fin es una aplicación elevada y se requiere el manejo adecuado de la fertilidad para la Finca.

3)-4. Recomendación de la variedad adaptable en la estación

De acuerdo al análisis de los datos obtenidos durante la experimentación de cultivo de maíz, variedades híbridas TNH0032100 y THN0033100, con diferente niveles de aplicación de nitrógeno (0kg N/ha, 50 kgN/ha, 100 kgN/ha y 200 kgN/ha), se concluye que la diferencia en rendimiento entre las variedades comparadas resulta altamente significativa, donde sobresale la variedad TNH0032100, para una aplicación de 50 kgN/ha; siendo también la combinación de variedad y dosis de N en la cual se evidencia la mayor rentabilidad (en contraste con otras combinaciones); mientras que la variedad TNH0033100, logró un mayor rendimiento con la aplicación de 100 kgN/ha, pero desde el punto de vista económico el tratamiento que brinda mayor rentabilidad para esta variedad es 50 kgN/ha, aun así comparando las dos variedades objeto de estudio como se señaló en la variedad TNH0032100 la que más alto retorno ofrece.

4. Conclusión

1. Con el tratamiento 50 kgN/ha se logró la mayor longitud de la mazorca del maíz para ambas variedades.

2. En relación al porcentaje de proteína bruta en el grano del maíz, el mayor porcentaje para ambas variedades estudiadas se obtuvo con los tratamientos 100 kgN/ha y 200 kgN/ha. La variedad TNH0032100 supera a la variedad TNH0033100 en todos los tratamientos.

5. Efecto de la aplicación de yeso en el cultivo de Girasol (*Helianthus annus*) y Maíz (*Zea mays*) en un suelo Oxisol (Rhodic Kandiudox), Yguazú, Alto Paraná, Paraguay

1). Introducción

En vez de la cal agrícola ($CaCO_3$) y/o dolomita ($CaCO_3.MgCO_3$), se aplica el yeso (Sulfato de Calcio: $CaSO_4.2H_2O$) como enmienda química del suelo. En la región amazónica del Brasil, se lo realizó para mejorar la característica química en todos los horizontes del suelo, teniendo en cuenta estar fácil de lixiviarse.

En Paraguay, se lo reconoció como un material que puede mejorar la característica química del suelo en los agricultores (2010 al 2011). A diferencia del caso amazónico (región tropical), el país se sitúa en la región subtropical con diferencia de la distribución del agua en el año a la región tropical con la estación lluviosa y seca. Por lo que no es conocido mucho para el efecto en la región subtropical. Por eso, fue necesario que evaluara el efecto para asegurar los resultados muy básicos en el Departamento de Alto Paraná, Paraguay.

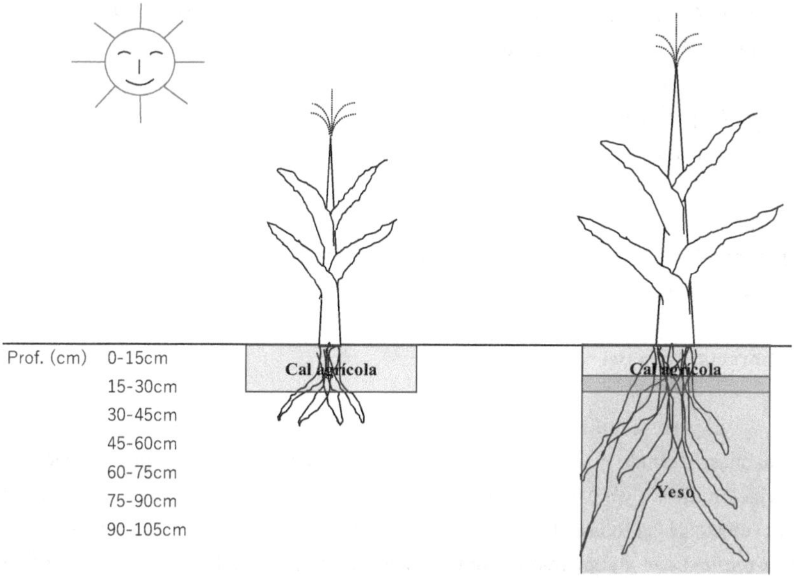

Figura N°6-5-2-1. Modelo de la comparación entre cal agrícola y yeso como enmienda química del suelo.

2). Efecto esperable para el yeso ($CaSO_4.2H_2O$)

La Figura N°6-5-2-1 muestra el modelo de la comparación entre la cal agrícola y yeso aplicado como enmienda química del suelo. Para la cal agrícola y dolomítica ($CaCO_3 + MgCO_3$), es material carbonato y se muestra la condición alcalina y esta difícil de lixiviarse, normalmente por la lluvia. Mientras que para el yeso es sulfato de calcio y es sal neutral ácido (para el sulfato, muy ácido) y está fácil de lixiviarse por lluvia con el tiempo en el horizonte del suelo. Por eso, para la cal se puede esperar la enmienda química en la superficie, mientras que, para el yeso, todos los horizontes, totalmente, se puede esperar la enmienda por la cal asociada con el yeso en el suelo ácido.

3). Situación de Yguazú

El estudio fue instalado en el predio de la Fundación Nikkei-CETAPAR (Centro Tecnológico Agropecuario del Paraguay), situada en el km 286 de la ruta n° 7, en el distrito de Yguazú del Alto Paraná. La temperatura media anual es de 21 °C; la máxima llega a 38 °C y la mínima a 0 °C. La precipitación máxima anual es de 1700 mm según el promedio de registros de los últimos 17 años del CETAPAR.

La población del distrito de Yguazú está compuesta por paraguayos, brasileños, japoneses, alemanes, suizos y franceses, los que conservan sus idiomas y tradiciones. Está habitada en gran proporción por los colonos japoneses, quienes cultivan como rubro principal la soja, el trigo, el maíz, el girasol y nueces de macadamia. Están agrupados en la progresista Cooperativa Yguazú Agr. Ltda. Las principales actividades económicas son la agricultura, la ganadería y el comercio.

4). Característica del yeso

El yeso se utiliza como un material correctivo de acidez del suelo en Región de Amazonas, Cerrado y otros lugares del Brasil. Especialmente, se puede esperar la lixiviación del Ca y/o Mg en la profundidad del suelo por tipo de sulfato, dependiendo por el efecto de la lluvia en la estación lluviosa del año, y mejorar la característica química de la profundidad y aumentar la productividad de los cultivos tales como maíz, girasol, soja, etc. (ver la Figura N°6-5-2-1).

En el Departamento de Alto Paraná, Paraguay, se lo utiliza para mejorar la característica química del suelo y como fuente de azufre. A diferencia del ambiente climático de la región tropical del Brasil, aún no se conocía la dinámica del efecto de la lixiviación con algunos cultivos en una zona (sub-tropical).
En el experimento, se lo evaluó con diferentes dosis en los cultivos del Girasol como cultivo inmediato y luego el cultivo de Maíz como cultivo sucesor en la finca experimental de la Fundación Nikkei-CETAPAR para observar los efectos residuales como resultados básicos de este estudio.

5). Materiales y Métodos

5)-1. Método de análisis de suelo

En el Laboratorio de la Fundación Nikkei-CETAPAR (Centro Tecnológico Agropecuario del Paraguay), se utilizaron agua destilada (agua : suelo = 1:1) para determinar el valor de pH (H_2O), y $CaCl_2$ al 0.01M para determinar el valor de pH ($CaCl_2$), la solución extractora de Mehlich No1 (0.05M HCl + 0.0125M H_2SO_4) para determinar P, K, Mn, Fe, Zn y Cu disponibles, la solución sal de KCl al 1M para determinar Ca, Mg y Al intercambiables y el método de Walkley-Black para determinar materia orgánica sobre el análisis química de suelos. Además, se determinó (H + Al) intercambiables después de realizar el método de pH SMP, usando la tabla de interacción entre el valor del pH SMP y (H + Al) intercambiable.

Se calcularon Ca/K, Ca/Mg y Mg/K, usando los resultados obtenidos del Ca, Mg y K intercambiables. Por otro lado, se utilizó el sistema de Bouyoucos para determinar el contenido de arcilla (%) en el análisis físico del suelo.

Se realizó muestreo del suelo en cada capa de 10cm (desde la superficie hasta 80cm de la profundidad) para evaluar el efecto lixiviado de Ca antes de cultivar Girasol y después de cada cosecha (Girasol y Maíz).

5)-2. Diferentes niveles del yeso y las variedades utilizadas para las plantas

Se realizó el experimento en la parcela experimental del CETAPAR, y se clasifica como Oxisol (Rhodic Kandiudox, Relieve: 0-3 % y buena nula), ubicada entre las coordenadas 21 J 697255E 7182252S, con elevación 290msnm. Se evaluaron los 7 niveles del yeso (0, 250, 500, 1000, 1500, 2000 y 2500kg/ha en los cultivos del Girasol (El híbrido utilizado es el MG-60 CL) y del Maíz (El híbrido utilizado DK-910).

5)-3. Área experimental y fertilización

El área experimental total fue de 189.0m^2 (12.6m × 15m), con siete niveles de yeso y tres repeticiones. El área cada repetición fue de 63.0m^2 (12.6m × 5m), y cada nivel del yeso fue de 9m^2 (1.80m × 5m). El área útil en cada nivel de yeso fue de 3.6m^2 (0.9m × 4m).

Previo a la siembra del cultivo de Girasol, se aplicó al voleo el yeso en la fecha 30 de agosto del año 2011. El cultivo de Girasol como cultivo inmediato, se aplicó 240kg/ha de fertilizante compuesto (8-20-10). Para el cultivo de maíz como cultivo sucesor, se aplicaron 240kg/ha de fertilizante compuesto (8-20-10) del igual que el caso para el Girasol, más 46kgN/ha como fertilizante nitrogenado en cobertura, con la Urea.

5)-4. Método del cultivo para las dos plantas

Se sembró la semilla del girasol entre 0.45m de las hileras y 2.93 plantas por metro, y fue de 65,000 semillas/ha, el 2 de septiembre del mismo año. Por otra parte, el maíz se la sembró a 0.45m entre hileras y 2.63 plantas por metro, y fue de 58,000 semillas/ha 25 de enero del año 2012, para observar el efecto residual del yeso en este cultivo sucesor.

Tabla N°6-5-5-1. Ciclo del cultivo de Girasol y Maíz en el experimento con los niveles del yeso.

Aplic. De Yeso		Fecha Aplicac de Yeso Agricola	30/08/2011
Efecto inmediato al cultivo	Girasol	Fecha de siembra	02/09/2011
		Fertilizante Formula	08-20-10
		Dosis de Fertilizante	240kg/ha
		Dist entre hileras	0,45m
		Plantas por metro	2,93 semillas
		Plantas por ha	65.000
		Fecha Cosecha	27/12/2011
		Fecha Primer Extracc Calicata	08/10/2011
		Primer Calicata DDS	38
		Fecha Segundo Extracc Calicata	02/02/2012
		Segunda Calicata DDS	152
Efecto residual al cultivo	Maíz	Fecha de siembra	25-ene-12
		Fertilizante Base Formula	08-20-10
		Dosis de Fertilizante Base	240kg/ha
		Fertiliz. Cobertura (46-00-00)	100Kg/ha
		Fecha Fertilz. Cobertura	
		Dist entre hileras	0,45m
		Plantas por metro	2,63
		Plantas por ha	58000
		Fecha Cosecha	06/06/2012
		Fecha Tercera Extracc Calicata	06/06/2012
		Tercera Calicata DDS	276

5)-5. Pulverización de agroquímicos y la cosecha

El manejo fitosanitario con las aplicaciones de herbicida, fungicida e insecticida se han sometido bajo un manejo suficiente, tratando de mantener impecable en este aspecto.

Las cosechas del Girasol y el Maíz fueron el 27 de diciembre del año 2011 y el 6 de junio del año 2012, respectivamente (Ver la Tabla N°6-5-5-1).

6). Resultados de Girasol como primer cultivo

6)-1. Análisis de la propiedad física y química de suelo

La Foto N°6-5-6-1 muestra muestreos del suelo Oxisol en cada capa (dentro de 10cm de la profundidad) de la superficie hasta 80 cm de la profundidad, 2011.

Foto N°6-5-6-1. Muestreo del suelo superficial hasta 80 cm de la profundidad, 2011.

Tabla N°6-5-6-1. Análisis de la superficie del suelo antes de la aplicación y la siembra.

Muestra	pH (H_2O)	pH ($CaCl_2$)	Arcilla (%)	pH (SMP)	MO (%)	P (mg/kg)	Ca ($cmol_c$/kg)	Mg ($cmol_c$/kg)
0-10cm	5.49	4.90	40.9	7.25	1.85	57.1	3.57	1.51
Muestra	K ($cmol_c$/kg)	Ca/K	Ca/Mg	Mg/K	Al ($cmol_c$/kg)	H+Al ($cmol_c$/kg)	V (%)	CIC ($cmol_c$/kg)
0-10cm	0.66	5.41	2.36	2.29	0.13	1.96	74.5	7.70
Muestra	Fe (mg/kg)	Cu (mg/kg)	Zn (mg/kg)	Mn (mg/kg)				
0-10cm	33.6	4.40	9.18	96.2				

La Tabla N°6-5-6-1 muestra el análisis de la superficie del suelo antes de la aplicación y la siembra. Los resultados del análisis de la superficie (0 a 10cm), se observó alto contenido de Ca, Mg y P, mientras que el Al intercambiable fue bajo. Se considera que hubo influencia del efecto de la aplicación de la cal agrícola, aproximadamente un año anterior según el historial de la parcela con el propósito de mejorar la característica química del suelo.

Relativamente, el suelo se clasificó como suelo ácido Oxisol, fue mejorado para la característica química de la superficie. Pero, se puede esperar la acidez no sólo de la superficie, sino también de la profundidad por la aplicación del yeso porque el calcio combinado con tipo de sulfato es fácil de lixiviarse y mejorar conjuntamente con la cal aplicada, anteriormente.

Foto N°6-5-6-2. Cultivo del Girasol en la Finca experimental del CETAPAR, 2011.

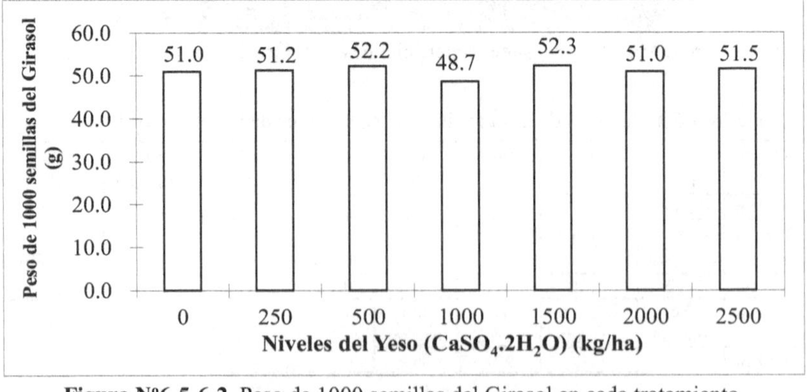

Figura N°6-5-6-2. Peso de 1000 semillas del Girasol en cada tratamiento.

6)-2. 1000 semillas en cada tratamiento

La Foto N°6-5-6-2 muestra el cultivo de Girasol en la Finca Experimental del CETAPAR y la Figura N°6-5-6-2 muestra peso de 1000 semillas en cada tratamiento. De los resultados de análisis de varianza, no se observó la diferencia significativa para los tratamientos del yeso, el valor promedio de 1000 semillas fue de 51.1 g.

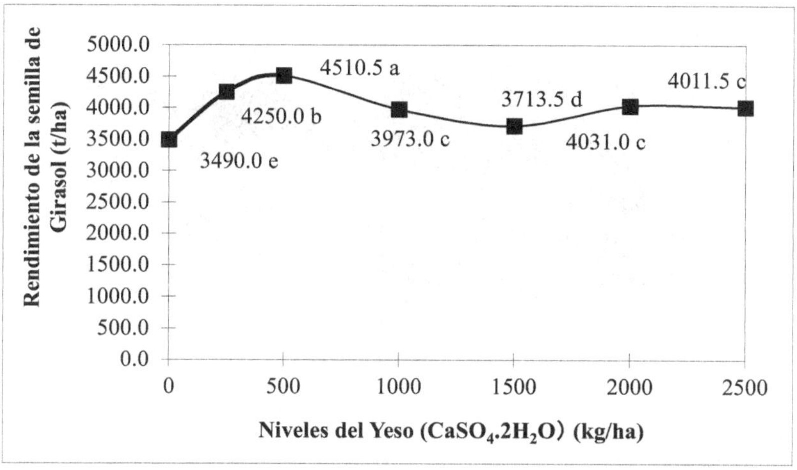

Figura N°6-5-6-3. Dinámica del rendimiento de la semilla de Girasol.

Nota: Se observó la diferencia significativa al 1% en el tratamiento del yeso. Medias con la misma letra no son significativamente diferentes en la prueba de rango múltiple de Duncan.

6)-3. Rendimiento de la semilla de Girasol en cada tratamiento

Además, la Figura N°6-5-6-3 muestra dinámica del rendimiento de la semilla de Girasol. De los resultados de análisis de varianza, se observó la diferencia significativa al 1 % para los niveles del yeso, y se observó el más alto rendimiento con 500 kg/ha de este material. Por otra parte, no se observó alto rendimiento con la más aplicación de 500 kg/ha. Para la prueba de Duncan, se mostró el más alto rendimiento con 500 kg/ha del yeso como nivel "a".

6)-4. Evaluación económica del yeso para el cultivo de Girasol

En el cultivo de Girasol como cultivo inmediato, fue de US$ 568.77/ha como costo fijo (Acá se eliminó la explicación detallada).

A continuación, la Figura N°6-5-6-4 muestra la dinámica del rendimiento por 90% y nivel crítico de la aplicación del yeso. Acá se elimina la explicación detallada. De los resultados, el beneficio neto fue el más alto con 500kg/ha del yeso, y fue de US$874.6/ha, siendo para el tratamiento con 250kg/ha, US$853.0/ha.

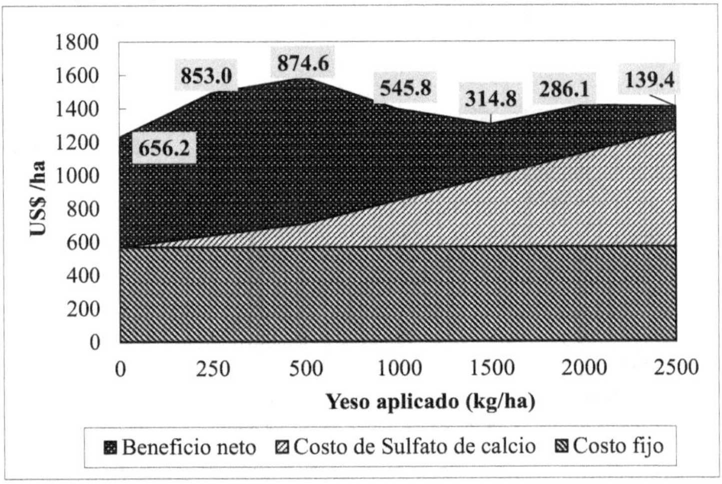

Figura N°6-5-6-4. Dinámica de costo fijo, costo de yeso y beneficio neto en el cultivo de Girasol en la finca.

Nota: Para las cifras, 656.2, 853.0, 874.6, 545.8, 314.8, 286.1, 139.4, son beneficios netos.

7). Resultados de Maíz como segundo cultivo

7)-1. Característica agronómica del maíz

La Tabla N°6-5-7-1 muestra la característica agronómica del Maíz. De los resultados de análisis de varianza, no se observó la diferencia significativa para todos los artículos. Pero, se observó la diferencia significativa al 5 % sobre la prueba de rango múltiple de Duncan para número de grano por hilera y largo de espiga, respectivamente. Especialmente, los valores con 0kg/ha del yeso fueron bajos en comparación con los valores con la aplicación, y se registraron como nivel "**b**". Por fin se considera que hubo efecto residual de este material aplicado al cultivo de Girasol como cultivo inmediato para alguna parte en el cultivo de maíz como cultivo sucesor.

Tabla N°6-5-7-1. Característica agronómica del Maíz con los diferentes niveles del yeso aplicado.

Yeso kg/ha	Altura de total (cm)	Altura de primera espiga (cm)	Número total de hoja por plata	Número de hileras por espiga	Número de grano por hilera	Largo de espiga (cm)	Humedad (%)
0	165.2 a	54.0 a	10.4 a	14.5 a	25.3 b	13.1 b	11.9 a
250	163.6 a	57.5 a	10.8 a	15.6 a	26.9 ab	14.2 ab	12.4 a
500	171.0 a	61.2 a	11.0 a	15.1 a	27.1 ab	14.6 a	12.3 a
1000	162.9 a	53.9 a	10.7 a	14.3 a	26.5 ab	14.1 ab	12.6 a
1500	168.2 a	58.5 a	10.9 a	14.8 a	29.1 a	14.7 a	12.1 a
2000	170.6 a	57.7 a	10.8 a	15.5 a	28.6 a	14.9 a	12.5 a
2500	167.7 a	56.3 a	10.4 a	14.8 a	27.4 ab	14.9 a	12.1 a

Nota: Medias con la misma letra no son significativamente diferentes en la prueba de rango múltiple de Duncan.

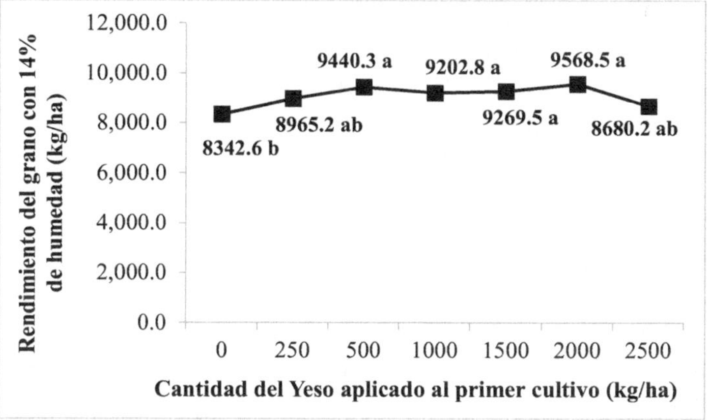

Figura N°6-5-7-1. Dinámica del rendimiento del grano de maíz de acuerdo con la cantidad del yeso aplicado al cultivo inmediato.

Nota: No se observó la diferencia significativa en el tratamiento del yeso de los resultados de análisis de varianza. Pero, se observó la prueba de rango múltiple de Duncan al 5% aunque no se observó la diferencia significativa en el tratamiento del yeso. Medias con la misma letra no son significativamente diferentes en la prueba de Duncan.

7)-2. Rendimiento del grano (kg/ha)

La Figura N°6-5-7-1 muestra la dinámica del rendimiento del grano de maíz de acuerdo con la cantidad del yeso aplicado al cultivo inmediato. De los resultados de análisis de varianza, no se observó la diferencia significativa para el rendimiento. Se considera que se desapareció efecto de los niveles del yeso aplicado para el cultivo sucesor.

Pero se observó la diferencia significativa al 5% sobre la prueba de rango múltiple de Duncan, se registró como nivel "**b**" en el tratamiento sin la aplicación del yeso, el rendimiento fue el más bajo de los rendimientos con el yeso aplicado al cultivo inmediato. Al aplicar 250 kg/ha del yeso, el rendimiento se aumentó y registró como nivel "**ab**", se alcanzó casi máximo rendimiento al aplicar 500kg/ha de este material como nivel "**a**". Al aplicar 2500 kg, el rendimiento se bajó, y se registró como nivel "**ab**" al igual que el caso sin el yeso. Por fin se considera la aplicación elevada al cultivo inmediato para el cultivo de maíz.

De todos modos, se determinó la aplicación económica con 500 kg/ha para el cultivo de Girasol como cultivo inmediato. Por buena suerte, al aplicar 500 kg/ha en el cultivo inmediato, hubo efecto residual de este material, y se pudo esperar aumento del rendimiento al igual que la cantidad aplicada con 1000, 1500 y 2000 kg/ha al cultivo inmediato. Por eso, se determinó la aplicación económica con 500kg/ha no sólo para el cultivo inmediato sino también para el cultivo sucesor en la finca.

7)-3. Evaluación económica para el cultivo de maíz

A continuación, se muestra la evaluación económica para el cultivo de maíz como cultivo sucesor. En el cultivo de maíz como cultivo sucesor, fue de US$ 621.49/ha como costo fijo (Se eliminó la explicación detallada al igual que el caso anterior). Al aplicar 500kg/ha en el cultivo de Girasol como el cultivo sucesor, fue de US$ 649.9/ha (ver la Figura N°6-5-7-2).

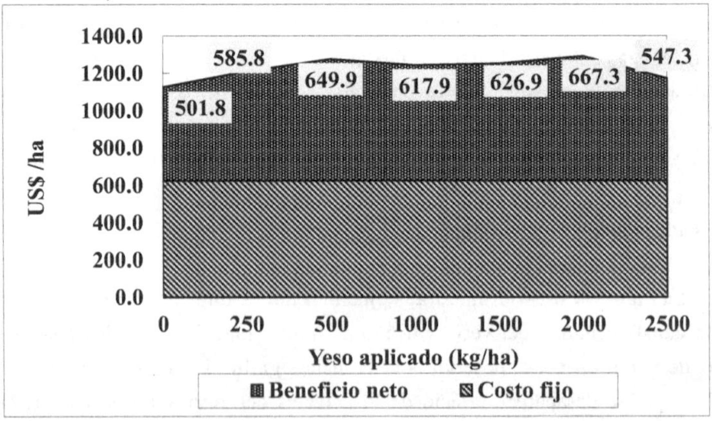

Figura N°6-5-7-2. Dinámica de costo fijo y beneficio neto en el cultivo de Maíz en la Finca Experimental.

8). Comparación de la dinámica de nutrientes en el suelo dentro de los 7 tratamientos del yeso en el segundo y tercer muestreo

A continuación, Explica los resultados de la dinámica de nutrientes de la superficie al 80cm de la profundidad del suelo en cada aplicación y tratamiento del yeso porque la evaluaron desde el punto de la vista de la característica química del suelo.

8)-2. Dinámica del Ca intercambiable

La Figura N°6-5-8-1 muestra la comparación de la dinámica del Ca intercambiable dentro de los 7 tratamientos en los segundo y tercer muestreos, respectivamente. En el segundo muestreo, se observó alto contenido del Ca de acuerdo con la aplicación del yeso, relativamente en la superficie. Especialmente, se observó alta lixiviación del Ca en el T6. En el tercer muestreo, se avanzó la lixiviación de este elemento en todos los tratamientos con el tiempo.

Además del T6, para el T2 y T3, se observó más alta lixiviación que la lixiviación del T1, relativamente en el segundo muestreo. Por fin, al aplicar la cantidad adecuada del yeso, se pudo esperar la lixiviación de este elemento y mejorar la corrección de la acidez en todos los horizontes.

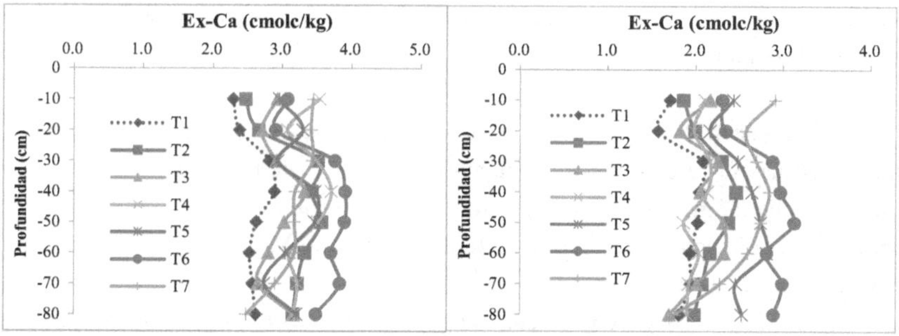

Figura N°6-5-8-1. Comparación de la dinámica del Ca intercambiable dentro de los 7 tratamientos en el segundo (izquierda) y tercer (derecha) muestreos

Nota: Los tratamientos con 0, 250, 500, 1000, 1500, 2000 y 2500 kg/ha del yeso se nombraron como T1, T2, T3, T4, T5, T6 y T7, respectivamente en la Figura.

8)-4. Dinámica del Fe disponible

Figura N°6-5-8-2 muestra la comparación de la dinámica del Fe disponible dentro de los 7 tratamientos en los segundo y tercer muestreos, respectivamente. De acuerdo con la alta aplicación del yeso, se observó alto contenido del Fe disponible, relativamente. Se lo continuó hasta 80cm de la profundidad. Especialmente, se pude distinguir dos tipos tales como bajo y alto contenido del Fe en todos los tratamientos. Del T1 al T3, relativamente, se observó bajo contenido del Fe de la superficie a la profundidad de 80cm. (Para el T3, el contenido en la profundidad de 80cm fue el más alto de todos los tratamientos en la misma profundidad). Por otra parte, del T4 al T7, se observó más alto contenido que el contenido en los T1, T2 y T3 dentro de la profundidad.

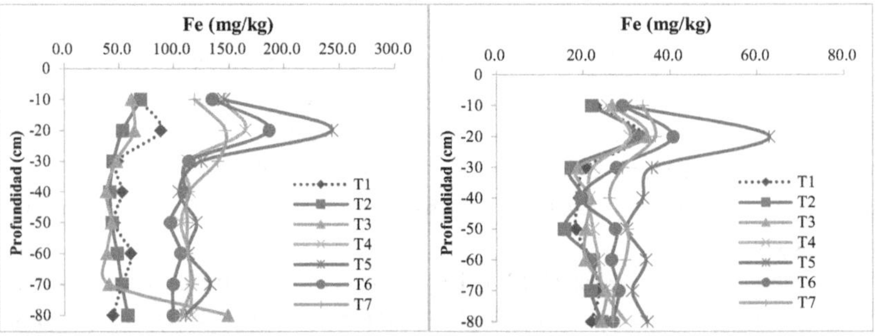

Figura N°6-5-8-2. Comparación de la dinámica del Fe disponible dentro de los 7 tratamientos en el segundo (izquierda) y tercer (derecha) muestreos

Nota: Los tratamientos con 0, 250, 500, 1000, 1500, 2000 y 2500 kg/ha del yeso se nombraron como T1, T2, T3, T4, T5, T6 y T7, respectivamente en la Figura.

Como una opinión, se utilizó la solución extractora de Mehlich No1 fue ácida fuerte. Además, el yeso es un tipo de sulfato y fertilizante acidífero potencialmente en el suelo y se detectó más alta disponibilidad del Fe con la solución extractora ácida fuerte en todas las profundidades dentro de la aplicación del 1000 al 2500kg/ha del yeso con movimiento del tipo de sulfato.

Para el tercer muestreo, se observó alto contenido del Fe disponible en el T5 con 1500kg/ha. Especialmente, se lo observó muy alto en el 20cm de la profundidad, y de acuerdo con la más profundidad, se lo disminuyó al igual que el caso del segundo muestreo.

8)-5. Dinámica del S disponible

Figura N°6-5-8-3 muestra la comparación de la dinámica del S disponible dentro de los 7 tratamientos en los segundo y tercer muestreos, respectivamente. En el segundo muestreo, se observó alto contenido del S en la superficie del suelo de acuerdo con la aplicación del yeso en comparación con el contenido en el T1. Especialmente, de las profundidades del 20 al 40 cm, el contenido del S en el T7 (2500 kg/ha) observó el más alto del contenido de todos los tratamientos.

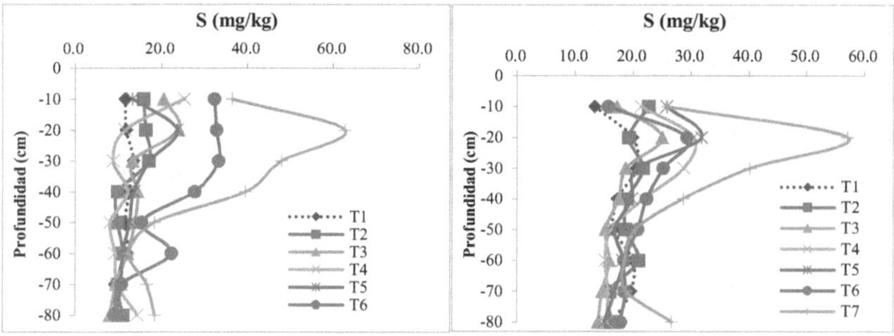

Figura N°6-5-8-3. Comparación de la dinámica del S disponible dentro de los 7 tratamientos en el segundo (izquierda) y tercer (derecha) muestreos

Nota: Los tratamientos con 0, 250, 500, 1000, 1500, 2000 y 2500 kg/ha del yeso se nombraron como T1, T2, T3, T4, T5, T6 y T7, respectivamente en la Figura.

A continuación, el contenido del S en el T6 fue el segundo alto de la superficie a la profundidad de 50 cm. Se considera que se avanzó la lixiviación del S por la aplicación de más de 2000kg del yeso, teniendo en cuenta una distribución de lluvia.

Dentro de los T2 a T5, se observó el contenido muy similar del S con el contenido en el T1 en la profundidad de los 40 a 80 cm. Se considera que todavía no se lo alcanzó más profundidad.

En el tercer muestreo, se observó el más alto contenido del S en las profundidades del 20 al 40 cm en el T7 al igual que el caso del segundo muestreo, pero, se observó lixiviación con el tiempo en comparación con los contenidos en el segundo muestreo. Además, este elemento se hizo lixiviación en todos los tratamientos en comparación con el en el segundo muestreo, relativamente.

9). Determinación de la aplicación económica para el yeso en el primer año

Relativamente, se observó alta lixiviación del Ca y Mg de acuerdo con la cantidad aplicada del yeso en comparación con el testigo, mientras que, para el Fe se observó la distinción entre 0-500 y 1000-2500 kg/ha del yeso, se lo lixivió, marcadamente en la aplicación posterior. Además, para el S, se observó muy alta lixiviación por la aplicación de 2500 kg/ha. Por fin, se considera avanzarse la acidificación del suelo por la aplicación del yeso con el tiempo.

Pero, teniendo en cuenta el rendimiento obtenido para el girasol en el primer año, se ha determinado 500kg/ha del yeso como la aplicación económica. En realidad, al aplicar 500kg/ha del yeso, se observó más alta lixiviación para el Ca y Mg que la lixiviación en el testigo, relativamente no sólo en el segundo muestreo sino también en el tercero. Por fin, se podrá esperar la acidificación en el suelo con el tiempo por 500kg/ha como la aplicación económica, aunque fue menor efecto que la acidificación al aplicar más de 1000 kg/ha.

10). Conclusiones

1. De los resultados de análisis de varianza, se observó la diferencia significativa al % para los niveles del yeso en el cultivo de Girasol como cultivo inmediato, mientras que, para el cultivo de Maíz como cultivo sucesor, no se la observó.

2. Al cultivo sucesor, se desapareció el efecto residual del yeso aplicado al cultivo inmediato.

3. La aplicación económica para el cultivo de Girasol fue de 500 kg/ha, se observó 4510.5 kg/ha como rendimiento de la semilla, y el beneficio neto con el 90% del rendimiento fue de US$ 874.6/ha.

4. Como cultivo sucesor, al aplicar el 500 kg/ha del yeso al cultivo inmediato, se observó 9440.3 kg/ha como rendimiento del grano, y el beneficio neto fue de 649.9/ha.

5. Sobre la dinámica de nutrientes de la superficie a 80cm de la profundidad del suelo, relativamente, se observó alta lixiviación del Ca y Mg de acuerdo con la cantidad aplicada del yeso en comparación con el testigo y se pudo corregir la acidez en todos los horizontes en el suelo (**para el T2 y T3, se observó más alta lixiviación que la lixiviación del T1, relativamente en el segundo muestreo**).

6. Sobre el Fe disponible, se pude distinguir dos tipos tales como bajo y alto contenido del Fe en todos los tratamientos. Del T1 al T3, relativamente, se observó

bajo contenido del Fe, mientras que para los T4 a T7, alto contenido en el segundo muestreo. Como una opinión, se utilizó la solución extractora de Mehlich No1 fue ácida fuerte. Además, el yeso es un tipo de sulfato y fertilizante acidífero potencialmente. Al aplicar el yeso (material del S), se convirtió la condición ácida fuerte en el suelo y se detectó más alta disponibilidad del Fe con la solución extractora ácida fuerte en todas las profundidades dentro de la aplicación del 1000 al 2500 kg/ha del yeso con movimiento del tipo de sulfato.

7. En el segundo y tercer muestreo, se observó el más alto contenido para el S en las profundidades del 20 al 40 cm el T7 (2500 kg/ha).

8. Se observó la lixiviación del S como tipo de sulfato con el tiempo, especialmente, se avanzó la acidificación en el T7 (2500 kg/ha). Por eso, se la podrá esperar en el suelo aplicado elevado.

9. Aunque se aplicó 500 kg/ha del yeso, periódicamente como la aplicación económica, se podrá esperar la acidificación del suelo con el tiempo.

6. Cultivo del maíz con manejo de la fertilidad del suelo durante la estación lluviosa y seca con comparación del riego en la provincia de Guayas

1). Introducción

1)-1. Producción de maíz en la región de Costa

La calidad del grano de maíz para el consumo humano está asociada tanto con su constitución física, que determina la textura y dureza, como con su composición química, que define el valor nutricional y las propiedades tecnológicas.

Los mercados son cada vez más exigentes y se interesan por el contenido de proteínas, aminoácidos, almidón, aceites y demás componentes.

El Maíz es una planta de fácil desarrollo y de producción anual, pertenece al género de las Zeas, de nombre científico *Zea mays*, familia de las gramíneas. El maíz amarillo duro (tipo cristalino) que se produce en Ecuador, es de excelente calidad tanto para la elaboración de alimentos balanceados como para las industrias de consumo humano; debido a su elevado contenido de fibra, carbohidratos, caroteno y el alto nivel de rendimiento en la molienda, así como por sus precios, nuestro maíz es de gran aceptación en países fronterizos.

De la producción nacional de maíz, la avicultura consume el 57%, alimentos balanceados para otros animales 6%, exportación a Colombia 25%, industrias de consumo humano 4%, el resto sirve para el autoconsumo y semilla.

Además, Ecuador tiene la capacidad de exportar subproductos del maíz, tales como la sémola. Estos productos son utilizados para elaborar polenta, arepas y snacks.

Tabla N°6-6-1-1. Superficie de los principales cultivos, según las regiones del Ecuador.

Regiones	Maíz duro choco (ha)	Maíz duro seco (ha)	Maíz suave choco (ha)	maíz suave seco (ha)
Total Nacional	18397	237170	40910	146848
Región Sierra	1093	43853	40825	145925
Región Costa	17176	184359	60	910
Resto del País	128	8958	25	13

(Fuente: Datos al 2006, Cultivos de maíz en Ecuador | Comercialización de maíz | Centros de Acopio | Almaceneras | Quevedo | SANCAMILO

Tabla N°6-6-1-1 muestra la superficie de los principales cultivos solos, según las regiones del Ecuador. En realidad, se produce mucho para maíz duro en la región de Costa, mientras que para la región de Sierra alta producción del maíz suave en el país.

Tabla N°6-6-1-2. Porcentaje de la producción en las provincias representativas, Ecuador.

Provincias	Maíz Producción (%)
Guayas	21
Los Ríos	33
Manabí	22
Loja	8
Pichincha	1
Imbabura	1
Tungurahua	0
Resto de provincias	14
Total	**100**

(Fuente: Datos al 2006, Cultivos de maíz en Ecuador | Comercialización de maíz | Centros de Acopio | Almaceneras | Quevedo | SANCAMILO

A continuación, la Tabla N°6-6-1-2 muestra el porcentaje de la producción en las provincias representativas en Ecuador. En realidad, principalmente, se produce en las provincias de Los Ríos, Manabí y Guayas, se domina 76% (=33+22+21%) para la producción en el país.

Es muy importante que se realice el cultivo y se produce el grano de maíz como cultivo múltiple en el país, y se planificó el cultivo en la provincia de Guayas.

1)-2. Clima y temperatura en la provincia de Guayas

Cuidadosamente, la Figura N°5-8-2-1 muestra la precipitación y temperatura al año en la Provincia de Guayas y fue de **791 mm** para la precipitación total al año. Actualmente, para la estación lluviosa, del enero al abril, mientras que, para la seca, del mayo al diciembre. Por fin, para la lluviosa, un tercio al año, mientras que, para la seca, **dos tercio** al año, respectivamente, por lo que la estación seca es más larga que la lluviosa al año. A diferencia del caso anterior de Colombia, Panamá, Brasil y Paraguay, es necesario que **introduzca el sistema de irrigación dentro de la estación seca larga** para el cultivo de maíz y otros, **aprovechando agua irrigada acumulada** en la estación lluviosa.

2). Materiales y Métodos

2)-1. Niveles del N aplicado y los tres híbridos utilizados

Se sembró los tres híbridos maíz asociados con los tres niveles de la aplicación nitrogenada (50, 100 y 150kgN/ha) durante la estación lluviosa en la finca experimental de la ESPOL (Escuela Superior Politécnica del Litoral), Guayaquil, Guayas, Ecuador.

Para el suelo, se clasifica Vertisol y es conocido como muy alta fertilidad, teniendo en cuenta alto contenido de mineral arcilloso tipo 2:1 tal como montmorillonita y/o ilita.

Como híbrido, se utilizó Pioneer 4039 (P4039), Advanta 9313 (AV9313) y Advanta 9139 (AV9139), respectivamente.

2)-2. Planificación en la estación lluviosa

En el suelo, se preparó 734.4 m^2 y se separó las 9 sub parcelas ($81.6m^2$=10m x 8,16m), y se destinó los tres híbridos al azar con tres repeticiones. Además, en cada sub parcela, se separó las 3 sub sub parcelas ($2.72m^2$=8.16/3), y se destinó los tres niveles de la aplicación nitrogenada (50, 100 y 150kgN/ha) al azar en las dos hileras (Totalmente, 2 hileras x 3 niveles del N x 3 híbridos x 3 repeticiones = 54 hileras).

Para la fertilización nitrogenada, se aplicó 31, 81 y 131 kgN/ha en las parcelas con 50, 100 y 150 kgN/ha, respectivamente, usando el abono completo (38%N y 8%S, para nombre comercio **Bonanza nitro**). Pero para el N se separó las tres épocas tales como el momento de la siembra, los 30 y 60 días después de la siembra, respectivamente.

Para la fosfatada, se utilizó el DAP (18%N-46%P_2O_5-0%K_2O) como la fertilización basada y se aplicó 50 kgP_2O_5/ha en cada tratamiento. Al mismo tiempo, se aplicó 19 kgN/ha en cada tratamiento, por lo que se aplicó 31 (Bonanza nitro) + 19 (DAP) = 50 kgN/ha en el tratamiento del 50 kgN/ha, 81 (Bonanza nitro) + 19 (DAP) = 100 kgN/ha en el tratamiento del 100 kgN/ha y 131 (Bonanza nitro) + 19 (DAP) = 150 kgN/ha en el tratamiento del 150 kgN/ha, respectivamente.

La siembra del maíz se realizó en hileras a una distancia de 80 cm entre hileras y 20 cm entre plantas, dejando una planta por hoyo, totalmente, 62,500 plantas/ha.

Para la época de la fertilización en banda, se la realizó a la una semana después de la siembre. Luego, se realizó 30 y 60 días después de la siembra, separando las tres épocas (para una semana 27 kg, 71 kg y 115 kg/ha de la Bonanza Nitro en 50, 100 y 150 kgN/ha, respectivamente).

Además, la potásica, se aplicó 50 kgK_2O/ha, usando el KCl (0-0-60%K_2O), al igual que el caso del Bonanza nitro, se lo aplicó, separando las tres épocas (28 kg/ha del KCl en cada época) con la Bonanza nitro.

2)-3. Fertilización del N, híbrido y siembra en la estación seca

Se sembró los tres híbridos maíz asociados con los tres niveles de la aplicación nitrogenada (50, 100 y 150 kgN/ha) entre la aspersión (se nombró como **aspersión**) y goteo por fertirriego (se nombró como **fertirriego**) durante la estación seca en la finca experimental de la ESPOL.

Cuidadosamente, se cultivó el maíz en el tratamiento con la aspersión durante la estación lluviosa y a la época de la siembra, pico la funcionó para compensar el agua irrigada con el fin de evitar estrés del agua en el cultivo. Por otro lado, nuevamente, se preparó el tratamiento con el fertirriego.

Como híbrido, se utilizó Pioneer 4039 (P4039), Advanta 9313 (AV9313) y

Advanta 9139 (AV9139), respectivamente, al igual que el caso del experimento durante la estación lluviosa para comparar los comportamientos.

En cada tratamiento del riego, se preparó 734.4 m^2 y se separó las 9 subparcelas (81.6 m^2 = 10 m x 8.16 m), y se destinó los tres híbridos al azar con tres repeticiones. Además, en cada subparcela, se separó las 3 sub sub parcelas (2.72 m^2 = 8.16/3), y se destinó los tres niveles de la aplicación nitrogenada (50, 100 y 150 kgN/ha) al azar en las dos hileras (Totalmente, 2 hileras x 3 niveles del N x 3 híbridos x 3 repeticiones = 54 hileras en cada suelo).

La siembra del maíz se realizó en hileras a una distancia de 80 cm entre hileras y 20 cm entre plantas, dejando 1 planta por hoyo, totalmente, 62,500 plantas/ha en todos los tratamientos.

2)-4. Método de la fertilización en la estación seca (Aspersión)

Por otro lado, para el cultivo durante la estación seca, es necesario que planifique y establezca el sistema de manejo de la fertilidad del suelo combinado con la técnica de riego. La Foto N°6-6-2-1 muestra el cultivo del maíz bajo condición de la aspersión en el suelo A, 2019. Para la fertilización, se realizó el mismo método durante la estación lluviosa.

Foto N°6-6-2-1. Cultivo del maíz bajo condición de la aspersión, 2019.

2)-5. Método de la fertilización en la estación seca (Fertirriego)

A diferencia del caso de la aspersión (fertilización manual en banda), se realizó el cálculo de la cantidad de cada fertilizante para el fertirriego. La Foto N°6-6-2-2 muestra el equipo de Control del fertirriego en el campo experimental de la ESPOL, 2019.

Cuidadosamente, no se pudo colocar el tubo en 15cm de la profundidad del suelo Vertisol porque fue alta compactación que el suelo de ceniza volcánica en la región de Sierra.

Normalmente es necesario cultivar el maíz durante 120 días desde la siembra hasta la cosecha. Al llegar a la floración, es alrededor de 100 días. Luego, al cambiar de escenario vegetativo al reproductivo, la planta no absorbe los nutrientes y se mueve del tallo y hoja al grano en el cuerpo vegetal para los nutrientes tales como N y P.

Para todos los fertilizantes usados, se puede disolver por el agua irrigada y se los puede utilizar en el fertirriego. Como ventaja, se puede eliminar el mano de obra para la aplicación manual en el tratamiento con la aspersión durante la estación seca y en el tratamiento durante la estación lluviosa, bajar el costo fijo.

Foto Nº6-6-2-2. Equipo de Control del fertirriego en el campo experimental de la ESPOL, 2019.

Para los fertilizantes usados, se dividió 28 veces (para 100 días, las 14 semanas, simplemente, y se aplicó dos veces a la semana a través del fertirriego, totalmente 28 veces). Por lo eso, para el Bonanza nitro, se aplicaron 132 kg (50 kgN/ha), 263 (100 kgN/ha) y 395 kg (150 kgN/ha), fue de 4.7, 9.4 y 14.1 kg/ha del Bonanza nitro, respectivamente.

Para fósforo, se utilizó Mono Fosfato de Potasio (MFP) (0-52-34) y se aplicó 96kg/ha del MFP (50 kgP_2O_5/ha). Por eso, por dividido por 28, fue de 3.4 kg/ha del MFP a través del fertirriego por una vez en cada tratamiento.

Para el potasio, al aplicar 96kg/ha del MFP, se incluyó 33 kgK_2O/ha. Por eso, es necesario que compense 17 kgK_2O/ha como el KCl para que controle 50 kgK_2O/ha en cada tratamiento. Por lo tanto, se utilizó KCl (0-0-60) y se aplicó 29 kgKCl/ha [(50-33) x 100/60 = 29].

2)-6. Cosecha

Antes de la cosecha, se realizó la evaluación de la característica agronómica (altura, incepción de mazorca y longitud de hoja) al azar con 10 plantas en cada dos hileras (cada nivel del N aplicado). Se realizó la cosecha en el área útil (2.0m x 1.6m = 3.2 m^2) [7]en cada dos hileras (cada nivel del N aplicado) (ver la Figura N°6-6-2-1).

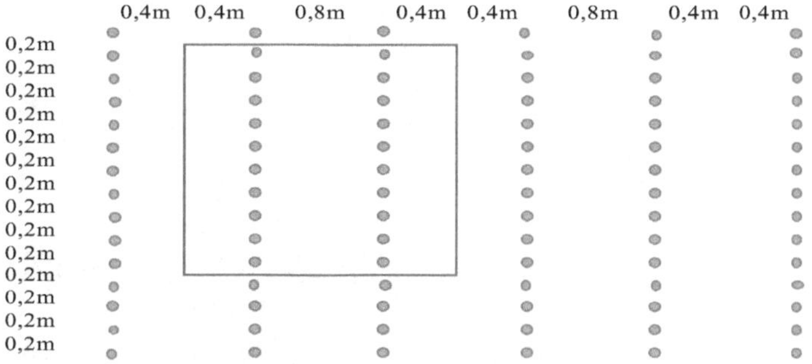

Figura N°6-6-2-1. Área útil en cada tratamiento.

Después de separar el grano y olote en la mazorca en cada mazorca, se pesó el grano. Luego, se lo secó en el invernadero durante los 3 días. Después de controlar el peso del grano con 14% de la humedad, se lo calculó como kg por hectárea, usando los rendimientos obtenidos en el área útil.

3). Resultados y Discusión

3)-1. Condición del cultivo de maíz durante la estación lluviosa y seca

Se clasifica Vertisol (Taxonomía del suelo por EUA) en la finca experimental en la ESPOL. La Foto N°6-6-3-1 muestra la condición del maíz cerca de la cosecha durante la estación lluviosa. Básicamente, se dependió lluvia para el cultivo (Al momento de la

[7] Para el maíz se sembró 0.8m entre hileras por 0.2m entre plantas. Como el área útil, 0.4m + 0.8m + 0.4m = 1.6m como hilera, 0.1m + 0.2 x 9 plantas + 0.1m = 2.0m como plantas. Por eso, 1.6m x 2.0m = 3.2 m^2 como el área útil.

siembra, poco dependió la aspersión para compensar el agua). Relativamente, se observó buen crecimiento en todos los tratamientos.

La Foto N°6-6-3-2 muestra la tubería del fertirriego y cultivo de maíz en el campo experimental de la ESPOL, 2019. Entonces, se preocupó el cultivo durante la estación seca, teniendo en cuenta observándose la compactación del suelo Vertisol (**Se clasifica por la Taxonomía del suelo por EUA en la finca experimental en la ESPOL**). Pero, se observó buen comportamiento no sólo en la aspersión sino también en el fertirriego. Se considera buena característica física y química en el suelo para el cultivo de maíz.

Foto N°6-6-3-1. Cultivo de maíz cerca de la cosecha en la estación lluviosa.

Foto N°6-6-3-2. Tubería del fertirriego y cultivo de maíz en el campo experimental de la ESPOL, 2019.

3)-2. Análisis de la propiedad química del suelo antes de la fertilización y siembra

La Tabla N°6-6-3-1 muestra la propiedad química del suelo en los tratamientos de la aspersión y fertirriego, respectivamente. Se realizó el análisis en el noviembre del 2018 antes de realizar el experimento. Para el tratamiento con lluviosa y aspersión seca, es mismo campo y se realizó cada cultivo de maíz en la estación lluviosa y la seca por la aspersión.

Básicamente, para el pH, fue de 6.9 y la condición nuestra en el suelo. Teniendo en cuenta ser suelo Vertisol con alto contenido de mineral arcilloso tipo 2:1, se observó alto valor para la CIC (Capacidad de Intercambio Catiónico) en los sitios, por lo que fue de alrededor de 100% para la saturación de bases.

Por otro lado, para la MO (materia orgánica), fue de más de 5 % y alto en los dos sitios. Por el contrario, para el P fue muy bajo, por lo que es necesario aplicar la cantidad adecuada para aumentar la fertilidad fosfatada del suelo.

Tabla N°6-6-3-1. Propiedad química de los Suelos antes de la fertilización y siembra.

Muestra del suelo	pH	EC	Disponible	Intercambiable				CIC	Sat. Bases	MO
Superficie	H_2O	1;1	P	K	Ca	Mg	Na			
(0-15cm)	1;1	(uS/cm)	(mg/L)	$cmol_c/kg$					(%)	(%)
Lluviosa y aspersión en la seca	6,9	82,3	0,50	0,72	24,7	14,1	0,12	**39,9**	**99,2**	**5,36**
Fertiriego en la seca	6,9	98,0	0,99	0,89	28,6	14,1	0,18	**43,9**	**99,7**	**6,55**

Nota: Para P, Na, K, Ca, Mg por Acetato de amonio al 1M (pH7) Para MO por Walkley-Black

Además, la Figura N°6-6-3-1 muestra el promedio de los dos suelos sobre las bases intercambiables y saturación de cada base. Se observó el más alto contenido para el Ca intercambiable de otras bases (para el Mg, la mitad del Ca) y para la saturación de bases, fue de 99.5 %.

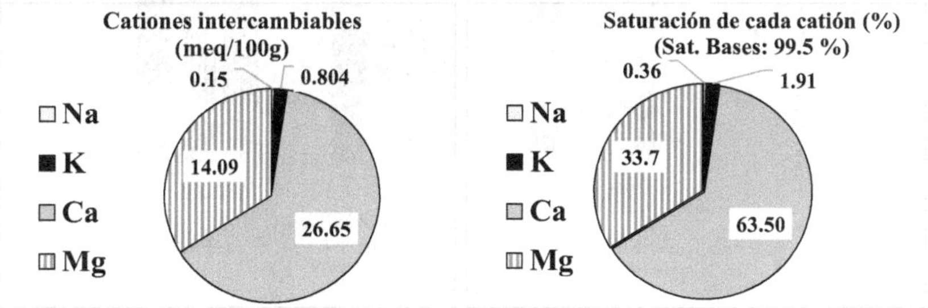

Figura N°6-6-3-1. Promedio del suelo A y B sobre las bases intercambiables y saturación de cada base.

Actualmente, se considera suelo muy fértil porque se clasificó Vertisol en la granja experimental de ESPOL. A diferencia del caso del suelo en Colonche en la provincia de Santa Elena, no se detectó alto contenido del Na en el suelo.

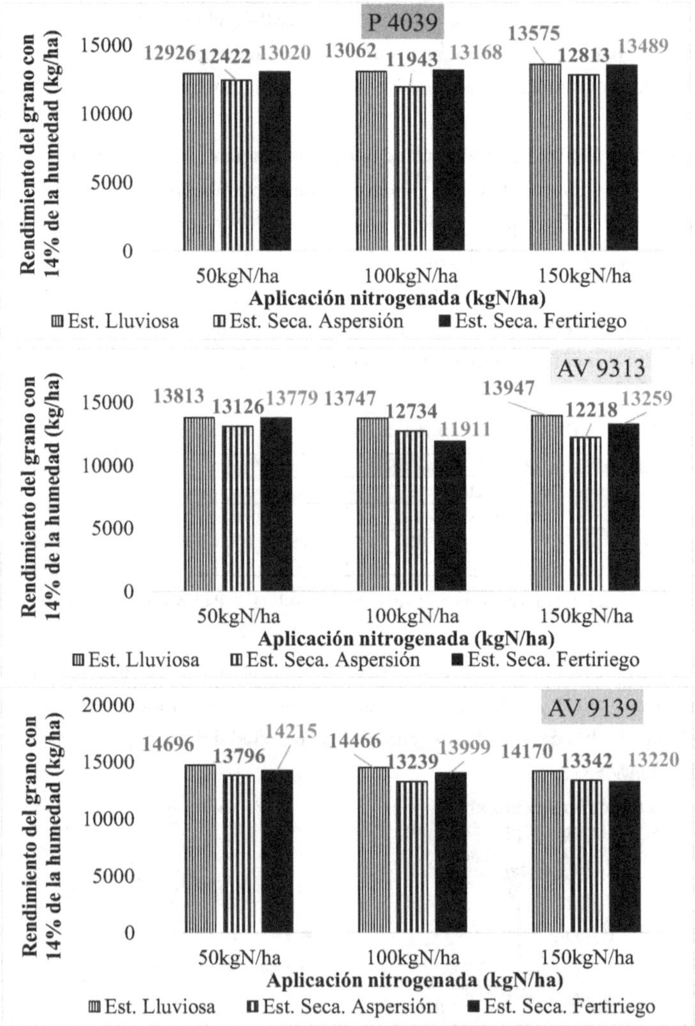

Figura N°6-6-3-2. Comparación del rendimiento en cada tratamiento nitrogenado en los tres híbridos.

3)-3. Comparación del rendimiento de grano con 14 % de humedad en cada tratamiento nitrogenado

La Figura N°6-6-3-2 muestra la comparación del rendimiento en cada tratamiento nitrogenado en los tres híbridos. Actualmente, se realizó el tratamiento estadístico en cada estación. Básicamente, se observó la diferencia significativa al 1 % para el híbrido. Dentro de los tres híbridos, se observó más alto rendimiento para AV9139 que otros híbridos.

Sobre el rendimiento del grano, se pudo esperar muy alto rendimiento en todos los rendimientos, teniendo en cuenta muy alta fertilidad del suelo con evaluación del área útil pequeño (1.6 m x 2.0 m = 3.2 m^2).

Especialmente, se observó el más alto rendimiento para el AV 9130 con 50 kgN/ha en la estación lluviosa. Por otro lado, para otros híbridos, se observó aumentando de acuerdo con la aplicación nitrogenada. Para el AV9130, al aplicar más de 50kg N/ha, se observó bajando el rendimiento, y se consideró la aplicación elevada.

En cambio, relativamente, se observó más alto rendimiento en el fertirriego que la aspersión. Para el fertirriego, se pudo ofrecer los nutrientes disueltos con agua irrigada, efectivamente, para el cultivo de maíz sin alta volatilización nitrogenada y lixiviación potásica...etc., por lo que el cultivo los podría absorber a diferencia del caso de la aspersión.

3)-4. Comentario para introducción del fertirriego durante la estación seca

De todos modos, visualmente, es necesario observar la condición agropecuaria durante la estación seca.

Como primer paso, es muy importante que evalúe la propiedad física del suelo (por ejemplo, grado de la compactación y humedad...etc.) durante la estación seca antes de introducir el sistema del fertirriego.

3)-5. Comparación del rendimiento en cada híbrido

La Figura N°6-6-3-3 muestra la comparación del rendimiento del grano en cada híbrido con 50 kg/ha. Teniendo en cuenta los resultados obtenidos para el grano sin la gran diferencia entre todos los tratamientos, se consideró 50 kgN/ha como la aplicación económica. Por lo tanto, mostró la comparación del rendimiento con 50 kgN/ha.

De los resultados obtenidos, se observó los rendimientos esperados en la AV 9139 en la estación lluviosa y la seca por fertirriego, respectivamente.

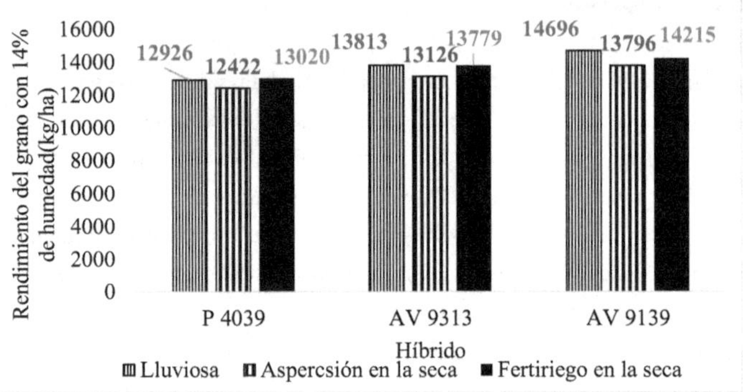

Figura N°6-6-3-3. Comparación del rendimiento del grano en cada híbrido con 50kg/ha

4). Evaluación económica durante la estación lluviosa y seca por la aspersión

Es muy importante que se evalúe no sólo la producción agrícola sino también la estimación económica para el cultivo de maíz en un suelo Vertisol con el fin de establecer un sistema de la producción sustentable.

Se explica la evaluación económica en cada tratamiento nitrogenado en cada híbrido. A continuación, sigue la evaluación económica para el cultivo de maíz.

4)-1. Costo fijo

Para el costo fijo, fue de US$ 1134 en la estación lluviosa y seca por la aspersión. Acá, se elimina la explicación detallada para el costo fijo (Para la detallada, consulte el otro libro publicado anterior sobre **Ciencia del Suelo y Nutrición Vegetal en Ecuador** - Propiedad física y química en la región de Costa, Sierra y Oriente -, por favor).

4)-2. Costo del híbrido

La Tabla N°6-6-4-1 muestra el costo variable para cada híbrido por hectárea. Como unidad, se calculó para 60,000 semillas en cada híbrido. Por buena suerte, se realizó el descuento (15 %), se lo calculó como costo variable sobre híbrido.

En la granja experimental, se ha preparado el sistema de aspersión y de

fertirriego. Por eso, se eliminó el costo y preparación de los equipos con mano de obra en el costo fijo. Además, también se eliminó el costo de agua utilizado por los riegos. Actualmente, en el caso que se realiza el cultivo en la primera vez, será necesario que agregue los costos en el costo fijo.

Tabla N°6-6-4-1. Costo variable para el precio de cada híbrido

Insumo			
Híbrido	Cantidad (kg/ha)	Precio (US$/kg)	Descuento (15%)
P 4039	60000 semillas	250.00	212.5
AV 9313	60000 semillas	258.00	219.3
AV 9139	60000 semillas	278.00	236.3

4)-3. Costo fijo total

Como costo fijo total (costo fijo + 60000 semillas),
P 4039: 1134 como costo fijo + 212.5 como costo del P 4039 = **US$ 1346.**
AV 9313: 1134 como costo fijo + 219.3 como costo del AV9313 = **US$ 1353.**
AV 9139: 1134 como costo fijo + 236.3 como costo del AV 9139 = **US$ 1370.**

Tabla N°6-6-4-2. Costo variable para el precio del Bonanza nitro en cada tratamiento nitrogenado.

Insumo				
Abono nitrogenado	Cantidad (kg/ha)	Precio (US$/kg)	kgN/ha	**Costo (US$)**
Bonanza nitro	50 como N	1.52	31	**47**
Bonanza nitro	100 como N	1.52	81	**123**
Bonanza nitro	150 como N	1.52	131	**199**

4)-4. Costo variable

La Tabla N°6-6-4-2 muestra el precio del fertilizante nitrogenado con diferentes niveles. En realidad, para el Bonanza nitro, se aplicó 31, 81 y 131 kgN/ha en los tratamientos con 50, 100 y 150 kgN/ha, teniendo en cuenta la aplicación del DAP como 50 kgP_2O_5/ha en todos los tratamientos. Como el costo variable de cada aplicación nitrogenada, fue de US$ 47, 123 y 199/ha de acuerdo con 50, 100 y 150 kgN/ha, respectivamente.

4)-5. Precio de venta

Según una información del Ministerio de Agricultura y Ganadería, el precio referencial en el año 2019 fue de US$ 15.25 por quintal (=100Lbs = 45.36 kg) con un 13% de humedad. Por lo tanto, el costo por kilo fue de US$**0.34/kg**.

5). Evaluación económica durante la estación seca por el fertirriego

5)-1. Costo fijo

Para el costo fijo para en la estación seca por el fertirriego, fue de US$940. A diferencia de caso del costo fijo en la estación lluviosa y la seca por la aspersión, no se incluye el costo de cada híbrido ni **mano de obra de la fertilización**. Por fin, fue esperado el ahorro.

Además, fue diferencia para el abono fosfatado y potásico entre la estación lluviosa y la seca por aspersión, y la estación seca por fertirriego. **Para el Fertirriego, se utilizó MFK como abono disuelto por agua para avanzar el goteo.**

5)-2. Costo de híbrido

Es mismo con la Tabla N°6-6-4-1. Fue de US$212.5, US$219.3 y US$236.3 por el descuento (15 %) de acuerdo con el híbrido P 4039, AV 9313 y AV9139, respectivamente.

P 4039: 940 como costo fijo + 212.5 como costo del P 4039 = **US$ 1152.**
AV 9313: 940 como costo fijo + 219.3 como costo del AV9313 = **US$ 1160.**
AV 9139: 940 como costo fijo + 236.3 como costo del AV 9139 = **US$ 1170.**

Tabla N°6-6-5-1. Costo variable para el precio del Bonanza nitro en cada tratamiento nitrogenado.

Insumo				
Abono nitrogenado	Cantidad (kg/ha)	Precio (US$/kg)	kgN/ha	**Costo (US$)**
Bonanza nitro	50 como N	1.52	**50**	**76**
Bonanza nitro	100 como N	1.52	**100**	**152**
Bonanza nitro	150 como N	1.52	**150**	**228**

5)-3. Costo variable para el fertirriego

La Tabla N°6-6-5-1 muestra el precio del fertilizante nitrogenado con diferentes niveles en el fertirriego. A diferencia del caso de la aspersión, se utilizó Bonaza nitro, solamente como abono nitrogenado porque se cambió al Mono Fosfato de Potasio (0-52-34) como abono fosfatado disuelto por agua irrigada.

Tabla N°6-6-6-1. Evaluación económica para P 4039 en cada tratamiento nitrogenado.

N (kg/ha)	Rendimiento estipulado kg/ha (kg/ha)	20% perdida en la cosecha (kg/ha)	Kg a ser vendido (kg/ha)	Beneficio bruto (US$/ha)	Costo variable (kg/ha)	Costo fijo + 60000 semillas (US$/ha)	Costo Total (US$/ha)	Beneficio neto (US$/ha)
50	12926	2585	10341	3102	47	1346	1393	1709
100	13062	2612	10450	3135	123	1346	1469	1666
150	13575	2715	10860	3258	199	1346	1545	1713

Nota: Precio del grano de maíz fue de US$ 0.34/kg, Costo del N/kg fue de US$ 1.52 (Costo de la **Bonanza** fue de US$ 28.9/50kg). Además, Kg a ser vendido = rendimiento estipulado – 20% perdida en la cosecha.

Tabla N°6-6-6-2. Evaluación económica para AV 9313 en cada tratamiento nitrogenado.

N (kg/ha)	Rendimiento estipulado kg/ha (kg/ha)	20% perdida en la cosecha (kg/ha)	Kg a ser vendido (kg/ha)	Beneficio bruto (US$/ha)	Costo variable (kg/ha)	Costo fijo + 60000 semillas (US$/ha)	Costo Total (US$/ha)	Beneficio neto (US$/ha)
50	13813	2763	11050	3315	47	1353	1400	1915
100	13747	2749	10998	3299	123	1353	1477	1823
150	13947	2789	11158	3347	199	1353	1553	1795

Nota: Precio del grano de maíz fue de US$ 0.34/kg, Costo del N/kg fue de US$ 1.52 (Costo de la **Bonanza** fue de US$ 28.9/50kg). Además, Kg a ser vendido = rendimiento estipulado – 20 % perdida en la cosecha.

Tabla N°6-6-6-3. Evaluación económica para AV 9139 en cada tratamiento nitrogenado.

N (kg/ha)	Rendimiento estipulado kg/ha (kg/ha)	20% perdida en la cosecha (kg/ha)	Kg a ser vendido (kg/ha)	Beneficio bruto (US$/ha)	Costo variable (kg/ha)	Costo fijo + 60000 semillas (US$/ha)	Costo Total (US$/ha)	Beneficio neto (US$/ha)
50	14696	2939	11757	3527	47	1370	1417	2110
100	14466	2893	11573	3472	123	1370	1494	1978
150	14170	2834	11336	3401	199	1370	1570	1831

Nota: Precio del grano de maíz fue de US$ 0.34/kg, Costo del N/kg fue de US$ 1.52 (Costo de la **Bonanza** fue de US$ 28.9/50kg). Además, Kg a ser vendido = rendimiento estipulado – 20 % perdida en la cosecha.

5)-4. Precio vendido de maíz

Según una información del ministerio de agricultura y ganadería, US$ 15.25 por quintal (=100Lbs = 45.36kg) será para los granos cuyas características sean 13 % de humedad. Por lo tanto, fue de US$**0.34/kg** por el cálculo.

6). Evaluación de beneficio neto en cada tratamiento nitrogenado asociado con cada híbrido en la estación lluviosa y seca

6)-1. Evaluación económica en la estación lluviosa

La Tabla N°6-6-6-1 muestra la evaluación económica para P 4039 en cada tratamiento nitrogenado. Básicamente, se pudo esperar alto beneficio neto, teniendo en cuenta alto rendimiento obtenidos en el suelo Vertisol.

Además de la evaluación para el híbrido P 4039, las Tablas N°6-6-6-2 y N°6-6-6-3 muestran la evaluación para AV 9313 y AV 9139, respectivamente.

Se obtuvo un beneficio neto más alto para los híbridos AV 9313 y 9139 con respecto al híbrido P 4039.

6)-2. Evaluación económica en la estación seca por la aspersión

La Tabla N°6-6-6-4 muestra la evaluación económica para P 4039 en cada tratamiento nitrogenado. Básicamente, se pudo esperar alto beneficio neto, teniendo en cuenta alto rendimiento obtenidos en el suelo Vertisol.

Además de la evaluación para el híbrido P 4039, las Tablas N°6-6-6-5 y N°6-6-6-6 muestran la evaluación para AV 9313 y AV 9139, respectivamente.

Se obtuvo un beneficio neto más alto para los híbridos AV 9313 y 9139 con respecto al híbrido P 4039.

Tabla N°6-6-6-4. Evaluación económica para P 4039 en cada tratamiento nitrogenado.

N (kg/ha)	Rendimiento estipulado kg/ha (kg/ha)	20% perdida en la cosecha (kg/ha)	Kg a ser vendido (kg/ha)	Beneficio bruto (US$/ha)	Costo variable (kg/ha)	Costo fijo + 60000 semillas (US$/ha)	Costo Total (US$/ha)	Beneficio neto (US$/ha)
50	12422	2484	9938	3379	47	1346	1393	1986
100	11943	2389	9554	3248	123	1346	1469	1779
150	12813	2563	10250	3485	199	1346	1545	1940

Nota: Precio del grano de maíz fue de US$ 0.34/kg, Costo del N/kg fue de US$ 1.52 (Costo de la **Bonanza** fue de US$ 28.9/50kg). Además, Kg a ser vendido = rendimiento estipulado – 20 % perdida en la cosecha.

Tabla N°6-6-6-5. Evaluación económica para AV 9313 en cada tratamiento nitrogenado.

N (kg/ha)	Rendimiento estipulado kg/ha (kg/ha)	20% perdida en la cosecha (kg/ha)	Kg a ser vendido (kg/ha)	Beneficio bruto (US$/ha)	Costo variable (kg/ha)	Costo fijo + 60000 semillas (US$/ha)	Costo Total (US$/ha)	Beneficio neto (US$/ha)
50	13126	2625	10501	3570	47	1353	1400	2170
100	12734	2547	10187	3464	123	1353	1477	1987
150	12218	2444	9774	3323	199	1353	1553	1771

Nota: Precio del grano de maíz fue de US$ 0.34/kg, Costo del N/kg fue de US$ 1.52 (Costo de la **Bonanza** fue de US$ 28.9/50kg). Además, Kg a ser vendido = rendimiento estipulado – 20 % perdida en la cosecha.

Tabla N°6-6-6-6. Evaluación económica para AV 9139 en cada tratamiento nitrogenado.

N (kg/ha)	Rendimiento estipulado kg/ha (kg/ha)	20% perdida en la cosecha (kg/ha)	Kg a ser vendido (kg/ha)	Beneficio bruto (US$/ha)	Costo variable (kg/ha)	Costo fijo + 60000 semillas (US$/ha)	Costo Total (US$/ha)	Beneficio neto (US$/ha)
50	13796	2759	11037	3753	47	1370	1417	2335
100	13239	2648	10591	3601	123	1370	1494	2108
150	13342	2668	10674	3629	199	1370	1570	2059

Nota: Precio del grano de maíz fue de US$ 0.34/kg, Costo del N/kg fue de US$ 1.52 (Costo de la **Bonanza** fue de US$ 28.9/50kg). Además, Kg a ser vendido = rendimiento estipulado – 20 % perdida en la cosecha.

Tabla N°6-6-6-7. Evaluación económica para P 4039 en cada tratamiento nitrogenado.

N (kg/ha)	Rendimiento estipulado kg/ha (kg/ha)	20% perdida en la cosecha (kg/ha)	Kg a ser vendido (kg/ha)	Beneficio bruto (US$/ha)	Costo variable (kg/ha)	Costo fijo + 60000 semillas (US$/ha)	Costo Total (US$/ha)	Beneficio neto (US$/ha)
50	13020	2604	10416	3541	76	1153	1229	2312
100	13168	2634	10534	3582	152	1153	1305	2276
150	13489	2698	10791	3669	228	1153	1381	2288

Nota: Precio del grano de maíz fue de US$ 0.34/kg, Costo del N/kg fue de US$ 1.52 (Costo de la **Bonanza** fue de US$ 28.9/50kg). Además, Kg a ser vendido = rendimiento estipulado – 20 % perdida en la cosecha.

Tabla N°6-6-6-8. Evaluación económica para AV 9313 en cada tratamiento nitrogenado.

N (kg/ha)	Rendimiento estipulado kg/ha (kg/ha)	20% perdida en la cosecha (kg/ha)	Kg a ser vendido (kg/ha)	Beneficio bruto (US$/ha)	Costo variable (kg/ha)	Costo fijo + 60000 semillas (US$/ha)	Costo Total (US$/ha)	Beneficio neto (US$/ha)
50	13779	2756	11023	3748	76	1160	1236	2512
100	11911	2382	9529	3240	152	1160	1312	1928
150	13259	2652	10607	3606	228	1160	1388	2218

Nota: Precio del grano de maíz fue de US$ 0.34/kg, Costo del N/kg fue de US$ 1.52 (Costo de la **Bonanza** fue de US$ 28.9/50kg). Además, Kg a ser vendido = rendimiento estipulado – 20 % perdida en la cosecha.

6)-3. Evaluación económica en la estación seca por el fertirriego

A continuación, se muestra la relación para cada híbrido en el suelo en las Tablas N°6-6-6-7, N°6-6-6-8 y N°6-6-6-9, respectivamente.

Tabla N°6-6-6-9. Evaluación económica para AV 9139 en cada tratamiento nitrogenado.

N (kg/ha)	Rendimiento estipulado kg/ha (kg/ha)	20% perdida en la cosecha (kg/ha)	Kg a ser vendido (kg/ha)	Beneficio bruto (US$/ha)	Costo variable (kg/ha)	Costo fijo + 60000 semillas (US$/ha)	Costo Total (US$/ha)	Beneficio neto (US$/ha)
50	14215	2843	11372	3866	76	1177	1253	2613
100	13999	2800	11199	3808	152	1177	1329	2479
150	13220	2644	10576	3596	228	1177	1405	2191

Nota: Precio del grano de maíz fue de US$ 0.34/kg, Costo del N/kg fue de US$ 1.52 (Costo de la **Bonanza** fue de US$ 28.9/50kg). Además, Kg a ser vendido = rendimiento estipulado – 20 % perdida en la cosecha.

Al igual que el caso de la aspersión, se pudo esperar alto beneficio neto en cada híbrido, pero fue el más alto beneficio neto para el AV 9139 al igual que el caso anterior.

6)-4. Comparación de los beneficios netos con 50kgN/ha entre la estación lluviosa y seca

La Figura N°6-6-6-1 muestra la comparación del beneficio neto en cada híbrido con 50 kg/ha. Actualmente, se observó el más alto rendimiento para la AV9139 en las dos estaciones.

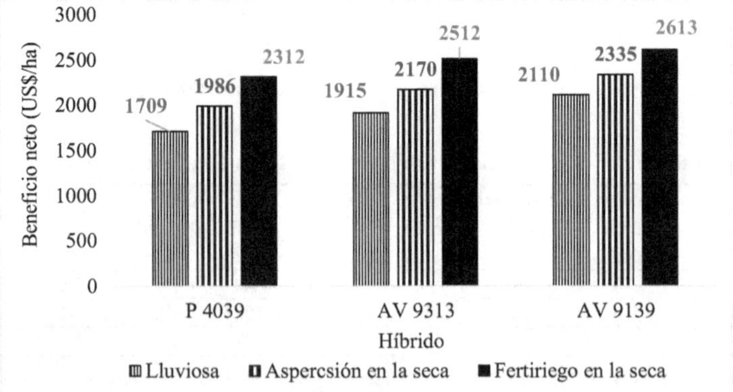

Figura N°6-6-6-1. Comparación del beneficio neto en cada híbrido con 50 kg/ha

Para la AV92139, se observó el más alto el rendimiento bajo sistema del fertirriego de otros. Se considera eliminar mano de obra sobre la fertilización manual y básicamente, fue más bajo para el costo fijo en el fertirriego que el costo en la estación lluviosa y la seca por aspersión. Por otro lado, para el origen del agua para riego, se utilizó lago que está acumulando la lluvia en la granja experimental con aprovechar una parte de río, por lo que no se incluyó costo del agua en la evaluación económica.

7). Conclusiones

7)-1. Análisis de varianza en las dos estaciones

1. De los resultados de análisis de varianza, se observó la diferencia significativa al 1 % para la Estación en la altura.

2. De los resultados de análisis de varianza, se observó la diferencia significativa al 1 % para el híbrido e Interacción de Estación por híbrido, y al 5 % para la estación, respectivamente en la longitud de hoja.

3. De los resultados de análisis de varianza, se observó la diferencia significativa al 1 % para la Estación y para 5% para el Híbrido, respectivamente en el grano con 14 % de la humedad.

7)-2. Estación lluviosa

1. Se observó alta fertilidad, teniendo en cuenta alto valor del pH (H_2O), CE, MO, CIC, Ca y Mg intercambiable...etc. en la superficie.

2. Por otra parte, se observó bajo valor para el P, para el suelo, 0.50 mg/kg.

3. De los resultados de la calicata de los dos suelos (de la superficie a 50 cm de la profundidad), aumentó el valor del Ca y Mg intercambiable y el de la CIC de acuerdo con más profundidad, mientras que, para el K tendencia inversa.

4. Especialmente, se observó alto valor para la CIC, para el suelo, 40 a 50 cmol/kg.

5. Al igual que el caso de la altura, para longitud de hoja, fue el más alto valor para el

AV 9139.

6. Sobre el rendimiento del grano, se pudo esperar muy alto rendimiento en todos los rendimientos, teniendo en cuenta muy alta fertilidad del suelo con evaluación del área útil pequeño (1.6 m x 2.0 m = 3.2 m^2).

7. Se pudo recomendar el AV 9139 con la aplicación del 50kgN/ha además de 50 kgP_2O_5 y 50 kgK_2O/ha en el tratamiento del fertirriego, teniendo en cuenta ahorro del agua irrigada sin la aplicación en banda para los fertilizantes.

8. Al mismo tiempo, se recomienda el cultivo de otros híbridos para que mantenga biodiversidad y prevenga riesgo de contaminación de hierbas, plagas y fitopatógenos.

7)-3. Estación seca

1. Como característica agronómica, fue el más alto para la altura en la AV9139, fue es mejor en el fertirriego que la altura en la aspersión.

2. Para la longitud de hoja, fue mejor para el AV9139 en el fertirriego.

3. Sobre el rendimiento del grano, se pudo esperar muy alto rendimiento en todos los rendimientos, teniendo en cuenta muy alta fertilidad del suelo con evaluación del área útil pequeño (1.6 m x 2.0 m = 3.2 m^2).

4. Se pudo recomendar el AV 9139 con la aplicación del 50 kgN/ha además de 50 kgP_2O_5 y 50 kgK_2O/ha en el tratamiento del fertirriego, teniendo en cuenta ahorro del agua irrigada sin la aplicación en banda para los fertilizantes.

5. Actualmente, se observó más alto rendimiento y beneficio neto en el fertirriego que los en la aspersión, teniendo en cuenta eliminando el mano de obra para la fertilización manual.

6. Para el fertirriego, se pudo ofrecer los nutrientes disueltos con agua irrigada, efectivamente, para el cultivo de maíz sin alta volatilización nitrogenada y lixiviación potásica...etc., por lo que el cultivo los podría absorber a diferencia del caso de la aspersión.

REFERENCIAS CITADAS

1) Alcantara, F., Furtini, A., Paula, M., Mezquita, H., Muñiz, J. 2000. Fertilización verde en la restauración de la fertilidad de un Ferralsol degradado. *Rev. Bras. Invest. Agrop.* 35(2), 277-288.
2) Aleida Samaniego C.2023. Panamá pierde 352,873 hectáreas de bosques y otras tierras boscosas en dos años | La Prensa Panamá
3) Almeri, L., Vieria, M., Heredia, N., Ramos da Silva, L., Farias, W., Pilecco, M., Nazari, A., Pereira, R., Parrón, M. 2012. Cover crops and their effects on the biomass yield of *Serjania marginata* plants. *Cienc. Rural. Santa Maria* 42(4), 614-620.
4) Álvarez-Solís, J. D., Gómez-Velasco, D. A., León-Martínez, N. S., Gutiérrez-Miceli, F. A. 2010. Manejo integral de fertilizantes y abonos orgánicos en el cultivo de maíz. Agrociencia 44, 575-586.
5) Alvaro, A. 1982. Guía para el Productor de Maíz. IDIAP, p 7-10.
6) Alvaro, A. 1982. Manual Técnico de Producción de Maíz, IDIAP. p 12-15.
7) Arias, Jiménez. C. A. 2007. Suelos Tropicales. Editorial Universidad Estatal a Distancia. San José, Costa Rica. 20-24, 38-44, 56-58, 107-109.
8) Alegre, J. C., P. A. Sánchez, y T. J. Smyth. 1991. Manejo de suelos con cultivos continuos en los trópicos húmedos del Perú. P. 157-108. En: T. J. Smyth, W. R. Raun y F. Bertch (eds.), Manejo de Suelos Tropicales en Latinoamérica. North Carolina State University., Raleigh, NC.
9) Astier-Calderón, M., M. Maass-Moreno, y J. Etchevers-Barra. (2002), Derivación de indicadores de calidad de suelos en el contexto de la agricultura sustentable. Agrociencia 36, 605- 620.
10) Balkcom, K., Reeves, D. 2005. Sunn Hemp utilized as a legume cover crop for corn production. Aurora. *J.* 97, 26-31.
11) Berlijn. I. J. D. 1982. Desmonte y movimiento de tierras. Manual para educación agropecuaria. Editorial Trillas México. 97-100.
12) Botero, R. B. y Valencia. C. A. 1983. Manejo de la sabana nativa en los Llanos Orientales de Colombia y Venezuela. Centro Internacional de Agricultura Tropical (CIAT). Cali, Colombia. 30 p.
13) Buol, S. W., Hole, F. D. and McCracken, R. J. 1973. Soil genesis and classification. The Iowa State University Press, Ames, Iowa, U. S. A. 360 p. In: Cline, M. G. e Buol, S. W. 1973. Soils of the Central Plateau of Brazil and extension of results of field

research conducted near Planaltina, Federal District, to them. Agronomy Mimeo 73-13. Cornell University, Ithaca, New York, USA. 43 pp.

14) Castro. L. M. México Arqueológico. 220. Ilustraciones en colores. MonClem Ediciones. 3, 18-49, 52-82, 90-115.

15) Cervantes, C. 1993. Introducción de frijol de abono *(Mucuna deeringianum)* en sistemas de cultivo de maíz y frijol en Pérez Zeledón, Costa Rica. *En:* IX Congreso Agronómico y de Recursos Naturales.

16) CETAPAR. 2012. Resultados de Clima y temperatura.

17) Coleman, N. T. and G. W. Thomas. 1967. The basic chemistry of soil Acidity. In: R. W. Pearson and F. Adams (eds.). Soil Acidity and Liming. American Society of Agronomy, Madison. Wisconsin. pp. 22-41.

18) Chichén Itzá
https://ja.wikipedia.org/wiki/%E3%83%81%E3%83%81%E3%82%A7%E3%83%B3%E3%83%BB%E3%82%A4%E3%83%83%E3%83%84%E3%82%A1

19) Climate Change and Environmental Issues in Ecuador
https://www.uscisguide.com/information/climate-change-and-environmental-issues-in-ecuador/?utm_source=chatgpt.com#google_vignette

20) ColoniaYguazú (Paraguay)
http://es.wikipedia.org/wiki/Yguaz%C3%BA_(Alto_Paran%C3%A1)EMBRAPA,

21) Cravo. M. C. 1991. Resumen de resultados en sistema de cultivos con bajos insumos. pp. 58-60. En: T. J. Smyth, W. R. Raun y F. Bertch (eds.), Manejo de Suelos Tropicales en Latinoamérica. North Carolina State University., Raleigh, NC.

22) Cravo. M. C. y T. J. Smyth. 1991. Sistema de cultivos com altos insumos na Amazônia Brasileira. pp. 144-156. En: T. J. Smyth, W. R. Raun y F. Bertch (eds.), Manejo de Suelos Tropicales en Latinoamérica. North Carolina State University., Raleigh, NC.

23) Díaz, Romeu; Hunter, A. 1978. Metodologías de muestreo de suelos; análisis químico de suelos de tejidos vegetal y de investigaciones en invernadero. Casa editorial, Turrialba, Costa Rica. 62 p.

24) Descenso de Kukulkán http://isekineko.jp/tyubei-kukulukann.html

25) Donahue, R. L.; Miller, W. M. y Shickluna, J. C. 1981. Introducción a los suelos y al crecimiento de las plantas. Trad. por J. Peña C. Prentice/Hall Int., Cali, Colombia. 624 p.

26) Duque, F. F., de Melo, J. C., de Sousa, R. L. P., and Gomide, R. L. 1980. Em"Cerrado, Uso e Manejo" (D. Maechetti and A. D. Machado, eds.), pp. 501-519. Ed. Editerra, Brasília, Brasil.

27) Elliott, H. A. and D. L. Sparks. 1981. Electrokenetic behavior of a Paleudult profile in relation to mineralogical composition. Soil Sci. 132: 402-405.

28) EMBRAPA (Empresa Brasileira de pesquisa Agropecuária). 1978. Centro de pesquisa Agropecuária dos Cerrados, Planaltin, DF. Relatório Técnico Anual 1976-1977. 183 p.

29) EMPRESA (Empresa Brasileira de pesquisa Agropecuária). 1989. Centro nacional de pesquisa de solos. Sistema brasileiro da classificação de solos. Brasília. 421 p.

30) EMBRAPA (Empresa Cerrados, Ministério da Agricultura, Pecuária e Abastecimento). 2002. Cerrado, Correção do solo e adubação, [Editores: Djalma Martinhão Gomes de Sousa, Edson Lobato], Planaltina, DF, Brasil. 80-96, 385-415.

31) Feuer, R. 1956. An exploratory investigation of the soils and agricultural potential of soils of the future Federal District in Central Plateau of Brazil. Tese de PhD, Cornell University, Ithaca, New York, USA.

32) Floretín, M. A., Peñolva, M., Calegari, A., Derpsch, R. 2001. Abonos verdes y rotación de cultivos en sistema directa. Pequeñas propiedades. Proyecto "Conservación de Suelos" MAG-GTZ, San Lorenzo, Paraguay. 84 p.

33) Forest resources and context of Colombia. https://www.timbertradeportal.com/en/colombia/127/country-context?utm_source=chatgpt.com

34) Gillman, G. P. and R. L. Fox. 1980. Increase in the cation exchange capacity of variable charge soils following superphosphate applications. Soil Sci. Soc. Am. Journ. 44: 934-938.

35) Griffin, T., Liebman, M., Jemison, J. 2000. Cover crops for sweet corn production in a short season environment. *Agron. J.* 92, 144-151.

36) Guatemala: Ruinas de Tikal, pirámides gigantes bajo el sol abrasador – Centroamérica 2019 (10). 2019. https://4travel.jp/travelogue/11571986

37) HANDBOOKS REFERENCE METHODS FOR SOIL TESTING. (1980): Segunda edición University of Georgia. Athens, Georgia. 130 p.

38) Historia y cultura alimentaria del maíz en México desde la época prehispánica: la milpa como sistema agrícola tradicional https://note.com/misatookaneya/n/n6e1df62aa2bb

39) Jaramillo, S. E. 1991. Pedones y campo y estaciones experimentales del IDIAP. Boletín Técnico No 38. Divisa, Panamá. pp. 67.

40) J. Kluthcouski, I. P. de Oliveira, L. P. Yokoyama, L. G. Dutra, T. de A. Portes, A. E. da Silva, B. da S. Pinheiro, E. Ferreira, E. da M. de Castro, C. M. Guimarães, J. de C. Gomide y L. C. Balbino. 2000. Sistema Barreirão: Recuperación/Renovación de

Pasturas Degradas Utilizando Cultivos Anuales, En: Guimarães, E. P.; Sanz, J. I.; Rao, I. M.; Amézquita, M. C.; y Amézquita, E. (eds.). Sistemas Agropastoriles en Sabanas Tropicales de América Latina, Centro Internacional de Agricultura Tropical (CIAT), Cali, Colombia. 195-231.

41) León, L. A., S. Pandy. y H. Ceballos. 1995. Niveles críticos de saturación de aluminio y fósforo aprovechable para variedad tolerante a suelos ácidos desarrollados por CIMMYT. Sociedad Colombiana de la Ciencia del Suelo. Bogotá, Colombia. Suelos Ecuatoriales. **25**: 40-42.

42) López, A. S., and Cox, F. R. 1977b. Agron. J. 69, pp. 828-831.

43) López, A, S. 1984. Solos sob "Cerrado" Características, propriedades e manejo 2.ª edição. Associação Brasileira para Pesquisa da Potassa e do Fosfato, Piracicaba-SP, Brasil. 4-9.

44) Meras, E. M., Valencia, E., Cuevas, H. 2016. Evaluación del rendimiento de maíz dulce *(Zea mays* 'Suresweet') con las leguminosas cobertoras mucuna enana *(Mucuna pruriens)* y crotalaria *(Crotalaria júncea* Tropic Sun') en un Oxisol de Puerto Rico. J. Agrie. Univ. P.R. 100(l), 57-70.

45) Mitui, S. y K. Tomita. 2012. Uso de yeso en girasol y maíz: Efecto de la aplicación de yeso en el cultivo de girasol (*Heliantbus annua*) y Maíz (*Zea mays*) en un suelo Oxisol (Rhodic Kandiudox), Yguazú; Alto Paraná, Paraguay (1ra parte). Revista Digital. Encarnación, Itapúa, Paraguay. Agrotecnología. Edición Vol. **20**: 18-20, 22-23. 2012.

46) Mitui, S. y K. Tomita. 2012. Uso de yeso en girasol y maíz: Efecto de la aplicación de yeso en el cultivo de girasol (*Heliantbus annua*) y Maíz (*Zea mays*) en un suelo Oxisol (Rhodic Kandiudox), Yguazú; Alto Paraná, Paraguay (2da parte). Revista Digital. Encarnación, Itapúa, Paraguay. Agrotecnología. Edición Vol. **21**: 24-27. 2012.

47) Mitui, S. y K. Tomita. 2012. Uso de yeso en girasol y maíz: Efecto de la aplicación de yeso en el cultivo de girasol (*Heliantbus annua*) y Maíz (*Zea mays*) en un suelo Oxisol (Rhodic Kandiudox), Yguazú; Alto Paraná, Paraguay (3ra parte). Revista Digital. Encarnación, Itapúa, Paraguay. Agrotecnología. Edición Vol. **22**: 26-28. 2012.

48) Mitui, S. y K. Tomita. 2012. Uso de yeso en girasol y maíz: Efecto de la aplicación de yeso en el cultivo de girasol (*Heliantbus annua*) y Maíz (*Zea mays*) en un suelo Oxisol (Rhodic Kandiudox), Yguazú; Alto Paraná, Paraguay (4 ta parte). Revista Digital. Encarnación, Itapúa, Paraguay. Agrotecnología. Edición Vol. **23**: 26-29.

49) M. S. Cravo. and T. J. Smyth. 1988. Lime requirement and downward movement of Ca and Mg. TropSoil Technical Report, 1985-1986. North Carolina State Univ. Raleigh, North Carolina, USA. 102-106, 1987.

50) Name, B y A. Cordero. 1990. Determinación del aluminio intercambiable como base para el encalado de los suelos ácidos de Panamá. Boletín Técnico No35. IDIAP. Divisa, Herrera, Panamá. 30 p.
51) Ngome, A., Becker, M., Mtei, K. 2011. Leguminous cover crops differentially affect maize yields in three contrasting soli types of Kakamega, Western Kenya. *J. Agr. Rural Dev. Trop.* 112(1), 1-10.
52) NHK. 2006. *Earth Dramatic: México – El misterio de la gran pirámide.* https://www.youtube.com/watch?v=5S7gwO9qEuo
53) Oiled forests – the case of Ecuador https://www.wrm.org.uy/bulletin-articles/oiled-forests-the-case-of-ecuador?utm_source=chatgpt.com
54) Osorio, N. W. 2003. Eficiencia y Efectividad de la Fertilización en la Agricultura de Colombia. En: María del Pilar, Rodrigo Lara Silva, Manuel Iván Gómez y Germán Peñaloza. Manejo Integral de la Fertilidad del Suelo. Sociedad Colombiana de la Ciencia del Suelo. Bogotá, D. C., Colombia. 177-182, 198-203, 208-209.
55) Pérez, D., G. D. Léon., R. González. y A. González. 1985. Across-7728 y Guararé-8128, Variedad de maíces de alta producción. IDIAP. Divisa, Panamá. 5 p.
56) Pirámide del Sol https://ja.wikipedia.org/wiki/%E5%A4%AA%E9%99%BD%E3%81%AE%E3%83%94%E3%83%A9%E3%83%9F%E3%83%83%E3%83%89
57) Proaño. J. y K. Tomita. 2021. Evaluación de tres híbridos de maíz con niveles nitrogenados durante la estación lluviosa, Guayaquil, Ecuador. ALFA, Revista de Investigación en Ciencias Agronómicas y Veterinarias enero-abril Vol. (**5**) (13): 53-64.
58) Quaggio, J. A. 2000. Acidez e calagem em solos tropicais. Instituto Agronômico (IAC), Campinas-SP, Brasil. 77-103.
59) Raij, B. van., Camargo, A. P., Mascarenhas, H. A. A., Hiroce, R., Feitosa, C. T., Nery, C., Laun, C. R. P. 1977. Efeito de níveis de calagem na produção de soja em solo de cerrado. R. Bras. Ci. Solo. (1), 28-31.
60) Raij, B. van., Andrade, J. C., Cantarell, H., Quaggio, J. A. 2001. Análise química para avaliação da fertilidade de solos tropicais, Instituto Agronômico, Campinas, SP, Brasil. pp. 285.
61) Reuters. 2025. Deforestación en Colombia sube 43,3% en 2024 https://www.reuters.com/latam/domestico/36QREJIS2VIL5B6RMSZGMEVY3I-2025-07-31/?utm_source=chatgpt.com
62) Reyes, C. P. 1980. Diseño de experimentos aplicados. Editorial Trillas. México. 48-

63, 96-125.
63) Salinas, J. G. y Valencia, C. A. 1983. Oxisoles y Ultisoles en América Tropical I. Distribución, Importancia y propiedades físicas. CIAT. Cali. Colombia. 53 p.
64) Salinas, J. G. y Valencia, C. A. 1983. Oxisoles y Ultisoles en América Tropical II. Mineralogía y características químicas. CIAT. Cali. Colombia. 68 p.
65) Sánchez, P. A. 1976. Properties and management of soils in the tropics. John Wiley and Sons, New York, London, Sidney, Toronto. 618 p.
66) Sanchez, P. A. and Uehara, G. 1977. Chapter 17: Management considerations for acid soils with high phosphorus fixation capacity. In: The role of Phosphorus in Agriculture Soil Sci, Soc. Ame., Madison. Wisconsin, U. S. A. pp. 417-514.
67) Sánchez, P. A. 1981. Suelos del trópico. Características y manejo. Inst. Interamericano de Cooperación para la Agricultura. Serie de libros y materiales educativos No.48. S. José, Costa Rica. 660 p.
68) Sanchez, P. And Salinas, J. G. 1981. Low-input technology for managing Oxisoles and Ultisols in tropical America. Advances in Agronomy, 34: 279-406.
69) Sanchez, P. And Salinas, J. G. 1983. Low-input technology for managing Oxisoles and Ultisols in tropical America. Advances in Agronomy, 34: 279-406.
70) Sánchez, P. A. y Salinas, J. G. 1983. Suelos Ácidos. Estrategias para su manejo con bajos insumos en América Tropical. Sociedad Colombiana de las Ciencias del Suelo. Bogotá, Colombia. pp. 32-33.
71) Sanematsu, Katsuyoshi; Nishitani, Dai; Muraji, Shoko. *Wonder Move: Los misterios de las civilizaciones antiguas*. Kodansha. pp. 90–101. (Incluye DVD de 71 minutos).
72) Smyth, T. J., J. C. Alegre. y C. A. Palm. 1991. Dinámica de nutrientes del suelo durante tres años de cultivos de bajos insumos en u Ultisol de la Amazonía Peruana. pp. 39-47. En: T. J. Smyth, W. R. Raun y F. Bertch (eds.), Manejo de Suelos Tropicales en Latinoamérica. North Carolina State University., Raleigh, NC.
73) TBS. 1991. *Viaje al Nuevo Mundo: Las siete maravillas del mundo – El misterio de la civilización maya.*
74) TBS. 1992. *Viaje al Nuevo Mundo: Civilizaciones perdidas (5) – Maya: conjunto de ruinas monumentales.*
75) Teotihuacan
https://ja.wikipedia.org/wiki/%E3%83%86%E3%82%AA%E3%83%86%E3%82%A3%E3%83%AF%E3%83%AB%E3%82%AB%E3%83%B3
76) Tikal
https://ja.wikipedia.org/wiki/%E3%83%86%E3%82%A3%E3%82%AB%E3%83%AB

77) T. J. Smyth. and M. S. Cravo. 1988. Lime and gypsum applications. TropSoil Technical Report, 1986-1987. North Carolina State Univ. Raleigh, North Carolina, USA. 150-151.

78) Tomita, K., E. Márquez., C. Pardo. y R. Sánchez. 2001. Efecto de cal y fósforo en el cultivo de maíz variedad Across-7728 y Guararé-8128 en un Ultisol, Panamá (Variedad adaptable para agricultores pequeños y aplicación económica de materiales). Sociedad Colombiana de la Ciencia del Suelo. Bogotá, Colombia. Suelos Ecuatoriales. **31**(1): 14-25.

79) Tomita, K. 2012. Efecto sobre rendimiento de grano de maíz y características químicas del suelo por incorporación de cultivos representativos para abono verde en un latosol rojo oscuro (1 ra parte). Revista de información y asistencia técnica. Encarnación, Paraguay. El Productor. Vol. **140**: 38, 40-45. Tomita, K.

80) Tomita, K. 2012. Efecto sobre rendimiento de grano de maíz y características químicas del suelo por incorporación de cultivos representativos para abono verde en un latosol rojo oscuro (2 da parte). Revista de información y asistencia técnica. Encarnación, Paraguay. El Productor. Vol. **141**: 22, 24-25.

81) Tomita, K. 2020. Ciencia del Suelo y Nutrición Vegetal en Ecuador - Propiedad física y química en la región de Costa, Sierra y Oriente -. Editorial Académica Española (EAE). 241-262.

82) Tomita, K. 2021. Efecto de la aplicación de yeso en el cultivo de girasol (*Helianthus annus*) y maíz (*Zea mays*) en un suelo Oxisol (Rhodic Kandiudox), Yguazú, Alto Paraná, Paraguay. Agrárias: Pesquisa e Inovação nas Ciências que Alimentam o Mundo VII. Editora Artemis. 156-168.

83) Tomita, K. 2021. Efeito sobre rendimento de grão de milho e as propriedades químicas do solo pela incorporação de culturas representantes para adubação verde num Latossolo (Oxissolo) Vermelho Escuro de Brasil. Agrárias: Pesquisa e Inovação nas Ciências que Alimentam o Mundo VII. Editora Artemis. 179-188.

84) Tomita. K. y J. Proaño. 2022. Evaluación del rendimiento del grano con los tres híbridos asociados con tres niveles de la fertilización nitrogenada en el cultivo de maíz entre la aspersión y goteo por fertiriego durante la estación seca en un suelo Vertisol. Agrárias: Pesquisa e Inovação nas Ciências que Alimentam o Mundo VIII. Editora Artemis. 200-208.

85) Tomita. K. 2024. Efeito da adubação de nitrogênio na cultura de milho (*Zea mays*) comparado entre os dois híbridos. Agricultural sciences unveiled: exploring the dynamics of farming and sustainability. Atena. 123-143.

86) Uehara, G. and Gillman, G. 1981. The mineralogy, chemistry and physics of tropical soils with variage charge clays. Westview tropical Agric. Series, No4. Boulder, Colorado. U.S.A. 170 p.

87) Van Wambeke, A. 1974. Management properties of ferrasols. Food and Agriculture Organization of the U. N. Soil Bulletin No23, Rome. 112 p.

88) Vera, R. R. 2000. Investigación en Sistemas Agropastoriles: Antecedentes y Estrategias. En: Guimarães, E. P., J. I. Sanz., I. M. Rao., M. C. Amézquita. y E. Amézquita. (eds). Sistemas agropastoriles en sabana tropical de América Latina. Centro Internacional de Agricultura Tropical (CIAT), Cali, Colombia, 1-8.

FSC
www.fsc.org
MIX
Papier | Fördert gute Waldnutzung
FSC® C083411

Kolibri 360 GmbH
Ferdinand-Jühlke-Straße 7
99095 Erfurt, Deutschland
produktsicherheit@kolibri360.de

Druck:
CPI Druckdienstleistungen GmbH
im Auftrag der
Kolibri 360 GmbH
Ferdinand-Jühlke-Str. 7
99095 Erfurt